发言嘉宾

曹军威

清华大学信息技术研究院研究员
LIGO 科学合作组织核心成员
引力波论文作者之一

陈雁北

加州理工学院物理学教授
美国物理学会会士
LIGO 科学联盟核心成员
引力波论文作者之一

丁洪

中国科学院物理研究所研究员
北京凝聚态物理研究中心首席科学家
未来科学大奖科学委员会委员

黄晓庆

达闼科技有限公司创始人兼CEO
"千人计划"国家特聘专家

季向东

李政道研究所资深学者
上海交通大学鸿文讲席教授
未来科学大奖科学委员会委员

赖东

康奈尔大学天体物理学教授

毛淑德

清华大学天体物理中心主任
未来科学大奖科学委员会委员

Kip Stephen Thorne

理工学院荣誉费曼理论物理学教授
2017年复旦中植科学奖获得者
2017年诺贝尔物理学奖获得者

Rainer Weiss

麻省理工学院退休物理学教授
2017年复旦中植科学奖获得者
2017年诺贝尔物理学奖获得者

张双南

中国科学院高能物理研究所研究员
中国科学院粒子天体物理重点实验室主任

朱宗宏

北京师范大学天文系教授、系主任

理解未来系列

聆听宇宙的声音

科学出版社

北京

图书在版编目(CIP)数据

聆听宇宙的声音/未来论坛编. —北京: 科学出版社, 2018.8
（理解未来系列）
ISBN 978-7-03-058309-3

Ⅰ. ①聆…
Ⅱ. ①未…
Ⅲ. ①宇宙–普及读物
Ⅳ. ①P159-49

中国版本图书馆 CIP 数据核字（2018）第 162418 号

丛　书　名：理解未来系列
书　　　名：聆听宇宙的声音
编　　　者：未来论坛
责 任 编 辑：刘凤娟　孔晓慧
责 任 校 对：杨然
责 任 印 制：徐晓晨
封 面 设 计：南海波
出 版 发 行：科学出版社
地　　　址：北京市东黄城根北街 16 号
网　　　址：www.sciencep.com
电 子 信 箱：liufengjuan@mail.sciencep.com
电　　　话：010-64033515
印　　　刷：北京虎彩文化传播有限公司
版　　　次：2018 年 8 月第一版　　印　　　次：2019 年 3 月第二次印刷
开　　　本：720×1000　　1/16　　印　　　张：10
插　　　页：2 页　　　　　　　　字　　　数：129 000
定　　　价：49.00 元

序一 >>>

饶　毅

北京大学讲席教授、北京大学理学部主任、未来科学大奖科学委员会委员

我们时常畅想未来，心之所向其实是对未知世界的美好期待。这种心愿几乎人人都有，大家渴望着改变的发生。然而，未来究竟会往何处去？或者说，人类行为正在塑造一个怎样的未来？这却是非常难以回答的问题。

在未来论坛诞生一周年之际，我们仍需面对这样一个多少有些令人不安的问题：未来是可以理解的吗？

过去一年，创新已被我们接受为这个时代最为迫切而正确的发展驱动力，甚至成为这个社会最为时髦的词汇。人们相信，通过各种层面的创新，我们必将抵达心中所畅想的那个美好未来。

那么问题又来了，创新究竟是什么？

尽管创新的本质和边界仍有待进一步厘清，但可以确定的一点是，眼下以及可见的未来，也许没有什么力量，能如科学和技术日新月异的飞速发展这般深刻地影响着人类世界的未来。

可是，如果你具有理性而审慎的科学精神，一定会感到未来难以预计。也正因如此，这给充满好奇心的科学家、满怀冒险精神的创业家带来了前所未有的机遇和挑战。

过去一年，我们的"理解未来"系列讲座，邀请到全世界极富洞察力和前瞻性的科学家、企业家，敢于公开、大胆与公众分享他们对未来的认知、理解和思考。毫无疑问，这是一件极为需要勇气、智慧和情怀的事情。

2015 年，"理解未来"论坛成功举办了 12 期，话题涉及人工智能、大数据、物联网、精准医疗、DNA 信息、宇宙学等多个领域。来自这些领域的顶尖学者，与我们分享了现代科技的最新研究成果和趋势，实现了产、学、研的深入交流与互动。

特别值得强调的是，我们在喧嚣的创新舆论场中，听到了做出原创性发现的科学家独到而清醒的判断。他们带来的知识之光，甚至智慧之光，兑现了我们设立"理解未来"论坛的初衷和愿望。

我们相信，过去一年，"理解未来"论坛所谈及的有趣而有益的前沿科技将给人类带来颠覆性的变化，从而引发更多人对未来的思考。

面向"理解未来"论坛自身的未来，我希望它不仅仅是一个围绕创新进行跨界交流、碰撞出思想火花的平台，更应该是一个探讨颠覆与创新之逻辑的平台。

换言之，我们想要在基础逻辑的普适认知下，获得对未来的方向感，孵化出有价值的新思想，从而真正能够解读未来、理解未来。若要做到这一点，便需要我们勇敢地提出全新的问题。我相信，真正的创新皆源于此。

让我们共同面对挑战、突破自我、迎接有趣的未来。

2015 年

序二 >>>
人类奇迹来自于科学

丁　洪

中国科学院物理研究所研究员、北京凝聚态物理研究中心首席科学家、
未来科学大奖科学委员会委员

今年春季，我问一位学生："你为什么要报考我的博士生？"他回答："在未来论坛上看了您有关外尔费米子的讲座视频，让我产生了浓厚的兴趣。"这让我第一次切身感受到"理解未来"系列科普讲座的影响力。之后我好奇地查询了"理解未来"讲座的数据，得知2015 年12 期讲座的视频已被播放超过一千万次！这个惊人的数字让我深切体会到了"理解未来"讲座的受欢迎程度和广泛影响力。

"理解未来"是未来论坛每月举办的免费大型科普讲座，它邀请知名科学家用通俗的语言解读最激动人心的科学进展，旨在传播科学知识，提高大众对科学的认知。讲座每次都能吸引众多各界人士来现场聆听，并由专业摄影团队制作成高品质的视频，让更多的观众能随时随地地观看。

也许有人会好奇：一群企业家和科学家为什么要跨界联合，一起成立"未来论坛"？为什么未来论坛要大投入地举办科普讲座？

这是因为科学是人类发展进步的源泉。我们可以想象这样一个场

景：宇宙中有亿万万个银河系这样的星系，银河系又有亿万万个太阳这样的恒星，相比之下，生活在太阳系中一颗行星上的叫"人类"的生命体就显得多么微不足道。但转念一想，人类却在短短的四百多年中，就从几乎一无所知，到比较清晰地掌握了从几百亿光年（约 10^{26} 米）的宇宙到 10^{-18} 米的夸克这样跨 44 个数量级尺度上（"1"后面带 44 个 "0"，即亿亿亿亿亿万！）的基本知识，你又不得不佩服人类的伟大！这个伟大来源于人类发现了"科学"，这就是科学的力量！

这就是我们为什么要成立未来论坛，举办科普讲座，颁发未来科学大奖！我们希望以一种新的方式传播科学知识，培育科学精神。让大众了解科学、尊重科学和崇尚科学。我们希望年轻一代真正意识到 "Science is fun，science is cool，science is essential"。

这在当前中国尤为重要。中国几千年的封建社会，对科学不重视、不尊重、不认同，导致近代中国的衰败和落后。直到"五四"时期"赛先生"的呼唤，现代科学才步入中华大地，但其后一百年"赛先生"仍在这片土地上步履艰难。这种迟缓也直接导致当日本有 22 人获得诺贝尔自然科学奖时，中国才迎来首个诺贝尔自然科学奖的难堪局面。

当下的中国，从普通大众到部分科学政策制定者，对"科学"的内涵和精髓理解不够。这才会导致"引力波哥"的笑话和"转基因"争论中的种种谬论，才会产生"纳米""量子"和"石墨烯"的概念四处滥用。人类社会已经经历了三次产业革命，目前正处于新的产业革命爆发前夜，科学的发展与国家的兴旺息息相关。科学强才能国家强。只有当社会主流和普通大众真正尊重科学和崇尚科学，科学才可能实实在在地发展起来，中华民族才能真正崛起。

这是我们办好科普讲座的最大动力！

现场聆听讲座会感同身受，在网上看精工细作的视频可以不错过任何细节。但为什么还要将这些讲座内容写成文字放在纸上？我今年去现场听过三场报告，但再读一遍整理出的文章，我又有了新收获、新认识。文字的魅力在于它不像语音瞬间即逝，它静静地躺在书中，可以让人慢慢地欣赏和琢磨。重读陈雁北教授的《解密引力波——时空震颤的涟漪》，反复体会"两个距离地球 13 亿光年的黑洞，其信号传播到了地球，信号引发的位移是 10^{-18} 米，信号长度只有 0.2 秒。作为引力波的研究者，我自己看到这个信号时也感觉到非常不可思议"这句话背后的伟大奇迹。又如读到今年未来科学大奖获得者薛其坤教授的"战国辞赋家宋玉的一句话：'增之一分则太长，减之一分则太短，著粉则太白，施朱则太赤。'量子世界多一个原子嫌多，少一个原子嫌少"，我对他的实验技术能达到原子级精准度而叹为观止。

记得小时候"十万个为什么"丛书非常受欢迎，我也喜欢读，它当时激发了我对科学的兴趣。现在读"理解未来系列"，感觉它是更高层面上的"十万个为什么"，肩负着传播科学、兴国强民的历史重任。想象 20 年后，20 本"理解未来系列"排在你的书架里，它们又何尝不是科学在中国 20 年兴旺发展的见证？

这套"理解未来系列"值得细读，值得收藏。

2016 年

王晓东

北京生命科学研究所所长、美国国家科学院院士、中国科学院外籍院士、
未来科学大奖科学委员会委员

2016 年 9 月，未来科学大奖首次颁出，我有幸身临现场，内心非常激动。看到在座的各界人士，为获奖者的科学成就给我们带来的科技变革而欢呼，彰显了认识科学、尊重科学正在成为我们共同追求的目标。我们整个民族追寻科学的激情，是东方睡狮觉醒的标志。

回望历史，从改革开放初期开始，很多中国学生的梦想都是成为一名科学家，每一个人都有一个科学梦，我在少年时期也和同龄人一样，对科学充满了好奇和探索的冲动，并且我有幸一直坚守在科研工作的第一线。我的经历并非一个人的战斗。幸运的是，未来科学大奖把依然有科学梦想的捐赠人和科学工作者连在一起了，来共同实现我们了解自然、造福人类的科学梦想。

但近二十年来，物质主义、实用主义在中国甚嚣尘上，不经意间，科学似乎陷入了尴尬的境遇——人们不再有兴趣去关注它，科学家也不再被世人推崇。这种现象存在于有着几千年文明史的有深厚崇尚学术文化传统的大国，既荒谬又让人痛心。很多有识之士也有同样的忧虑。我们中华民族秀立于世界的核心竞争力到底是什么？我们伟大复兴的支点又是什么？

文明的基础，政治、艺术、科学等都不可或缺，但科学是目前推

动社会进步最直接、最有力的一种。当今世界不断以前所未有的速度和繁复的形式前行，科学却像是一条通道，理解现实由此而来，而未来就是彼岸。我们人类面临的问题，很多需要科学发展来救赎。2015年未来论坛的创立让我们看到了在中国重振科学精神的契机，随后的"理解未来"系列讲座的持续举办也让我们确信这种传播科学的方式有效且有趣。如果把未来科学大奖的设立看作是一座里程碑，"理解未来"讲座就是那坚定平实、润物无声的道路，正如未来论坛的秘书长武红所预言，起初看是涓涓细流，但终将汇聚成大江大河。从北京到上海，"理解未来"讲座看来颇具燎原之势。

科学界播下的火种，产业界已经把它们变成了火把，当今各种各样的科技创新应用层出不穷，无不与对科学和未来的理解有关。在今年若干期的讲座中，参与的科学家们分享了太多的真知灼见：人工智能的颠覆，生命科学的变革，计算机时代的演化，资本对科技的独到选择，令人炫目的新视野在面前缓缓铺陈。而实际上不管是哪个国家，有多久的历史，都需要注入源源不断的动力，这个动力我想就是科学。希望阅读这本书对各位读者而言，是一场收获满满的旅程，见微知著，在书中，读者可以看到未来的模样，也可以看到未来的自己。

感谢每一次认真聆听讲座的听众，几十期的讲座办下来，我们看到，科学精神未曾势微，它根植于现代文明的肌理中，人们对它的向往从来不曾更改，需要的只是唤醒和扬弃。探索、参与科学也不只是少数人的事业，更不仅限于科学家群体。

感谢支持未来论坛的所有科学家和理事们，你们身处不同的领域，却同样以科学为机缘融入到了这个平台中，并且做出了卓越的贡献，让我认识到，伟大的时代永远需要富有洞见且能砥砺前行的人。

2017 年

目 录 》》

第一篇

最后一块缺失的"拼图"——引力波

2015年9月14日，宇宙中的引力波首次被人类探测到。这个引力波信号来自两个遥远黑洞之间的碰撞，在宇宙中运行13亿年之后才最终抵达地球，并被美国的LIGO探测器检测到。当这一信号抵达地球时，其强度极其微弱，但它的发现已经掀起了一场物理学界的全新变革，并轰动了整个世界。

Rainer Weiss

麻省理工学院退休物理学教授
2017年复旦中植科学奖获得者
2017年诺贝尔物理学奖获得者

美国实验物理学家，以宇宙微波背景辐射光谱的开创性测量而闻名。发明了单片硅探测器和激光干涉引力波探测器，并且是 COBE（微波背景）项目和 LIGO（引力波探测）项目的联合创始人与优秀领导者。

引力波及其探测

　　我们两个人会把这个单一的主题分成两个主题去讲，我主要是给大家讲一下引力波的概念和基础以及我们是如何进行引力波的探测的。我在演讲中会给大家先展现一下我们近期对引力波发现的过程，然后 Kip 给大家讲一下理论，来描述未来以及总体的概况。

　　首先想给大家讲一下爱因斯坦在引力这方面的一些贡献，尤其是相对于牛顿理论的不同，后者大家可能已经在学校里学过相关的知识了。我们可以看一下，牛顿的万有引力也就是大家所学习到的引力，就是两个物体之间会有引力，引力和它们的质量成比例，但会随它们

　　本文内容来自 Rainer Weiss 的英文现场演讲，由北京师范大学的张帆团队翻译与整理。

之间距离的增大而减小。这个在物理学历史上非常重要的定律被一个非常复杂的概念或者叫一个理论所代替，大家在逐渐学习后会对这个理论有所了解，所以我们要先看一下牛顿理论中有哪一些是不对的。在爱因斯坦看来，错在两点：第一是在高速运动的大质量天体周围牛顿引力是不足够的，我们能够在牛顿的理论中找到这些非常小的误差，例如，著名的水星进动问题。

第二是牛顿引力里面引力不是以有限速度传播的，像其他信息一样，在1905年的狭义相对论中提到，引力的传播速度是不能超过光速的。在牛顿的理论中是没有这个限制的，当然在这里不给大家解释这个等式了，因为这不是我今天讲的主要内容。但是我们可以让大家了解一下里面的内容，这张图能够帮助大家理解这样一个理论。

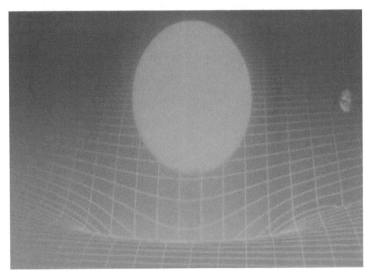

大家能够看到有这样一个网格，这个网格是以二维的形式展现出来的。同时我们能够看到，网格之间进行了非常好的编织，中间的是太阳，太阳出现的时候我们能够看到在这个网格中的一些直线变成曲线，也就说明出现了空间的扭曲。在旁边我们能够看到地球，地球所带来的空间的扭曲是比较小的，我们知道如果在所有的这些线中放一个钟表,大家就能够发现以下几点。首先你能够看到在远处,也就是它还是保持非常好的方格的时候,那里的钟表记录的时间都是一样的;但是如果钟表放到了扭曲的空间中,它就会走得更慢一些。所以爱因斯坦在这个地方就有了关于引力的一个见解,质量会带来周围空间的一个扭曲,同时也会对时间带来一定的扭曲。所以这个理论就是告诉我们时空的扭曲取代所谓引力主导在其上物体的运动。所以这就是为什么我希望大家通过这个方式去理解爱因斯坦的理论。

接下来给大家讲一下什么是引力波。这个理论中引力波的概念是这样的,就是我们能够看到引力波的来源是因为有加速运动的物体,而且我们能够看到这些加速运动的物体能够产生引力波,但同时它又与电磁波不同,电磁波是加速运动的电荷产生的。爱因斯坦当时的理论就是这样产生的引力波会以光速进行传播,而且在这里发出的波是横波。有一个波,然后还有很多物体,波在传输的过程中是传向你或者是传向屏幕里的一个方向,这就能够帮助大家了解引力波产生的效果。如果说大家站在最中间,我们看到在这个地方有两个点。第一,我们能够了解到,在一个方向上进行拉伸的时候,在另一个方向上也能够觉察到对应的压缩。第二,我们要分析一下才能够知道,就是当我们站在这里的时候,我们身边的这两个点的移动范围并不是那么大,离我们越远的点移动的范围就会越大。一个图景可以告诉我们引力波怎么样来改变物体之间的距离,随着本身空间的运动,我们会发现位置发生改变,而变化大小与原本物体间距离成正比。这就是我们要谈到的一个应变。

如果要以最简单的方式来检测到是否有引力波的存在,大家会怎么做呢?我结合一个模型给大家做一些解释,我们测量一个来自上方的引力波的时候,会用这样的一张图,左手边有一个激光的发射器,发射激光,然后有一个分光器,也就是把光线做一个分割,激光照射到分光器上面就会产生一个分割，有一部分激光会照到左边的镜子，有一部分激光会照到右上方的镜子。我们会发现光传播的时候会有一定时间，就是光从我们的分光器照到一面镜子和另外一面镜子都是需要一定时间的。我们会发现一个非常有趣的现象，这里面的曲线是光里的电场曲线，它通过镜子的反射返回来了，这边的镜子也是一样的，这是它的一个路径。如果两条路径上的光程是一样的，接收器就没有信号。如果两边的光走的路程不一样，光电接收器上就有信号显示。这就是用一种非常原始的方式来解释一下引力波能带来一个什么样的效果，我们怎么样来测量引力波。

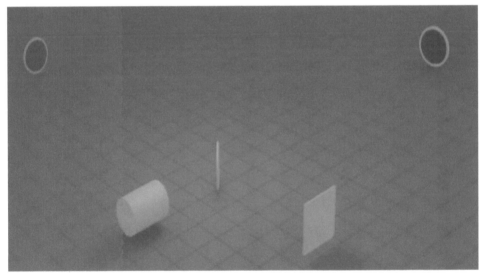

但是随后 Kip 跳了出来，说事情不是这么简单。我们展示起来比较简单，但是研究起来比较复杂。我们有一个公式，就是我们讲的应变，是一直在变化的应变，Kip Thorne 和他的同事们一起做了非常多的工作，然后他们考虑了非常多的可能的天体引力波源，我们发现一定要保证它的应变是在 10^{-21} 以下才能够实现引力波的测量。我们现在要来测量一下这个应变。

我们试想一下在 4 千米这样一个距离上测量引力波，最后我们会得到什么呢？我们会得到这样的一个数：$4×10^{-18}$ 米的长度，也就是说，如果我们有一个 4 千米长的仪器，我们会需要测量所用激光波长的 10^{-12} 这么小的一个距离，就是要比测量用的光波的波长小得多，这非常有挑战性。另外，我们还要阻止这些镜子位置本身由于非引力波的原因产生的晃动超过这个距离，这是更困难的一个部分了。我们现在所在这间教室的地面就在以大约 10^{-6} 米的幅度晃动。

另外，我想给大家展示一下这个图。我们可以使用光来做测量，这是没问题的，所以我们设计了这样的一个设备。这是多年以来的研究成果，有非常多的人都对这样的一个设备做出了贡献。我们可以看

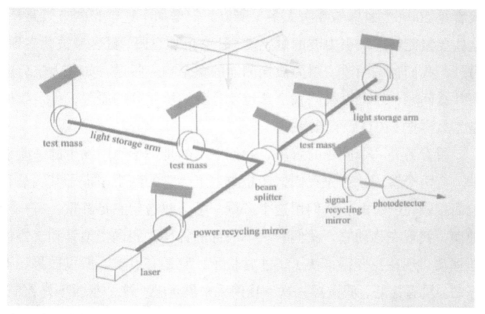

到这样一个探测器，我们的 LIGO（Laser Interferometer Gravitational-wave Observatory）探测器也是基于这样的原理所制造和搭建出来的，我们还看到有激光、分光镜，分光镜刚刚我们也展示过了，左手边有一面镜子，后面部分也有一面镜子，分光镜可以把光线分成两个部分，去到两个方向，照到这两个镜子上面，然后我们还做了什么？我们在这面镜子和分光镜中间又加了一面镜子，这样的话光本身就会跳来跳

去，反射来反射去，进行几百次这样的反射。我们在另一面镜子和分光镜的中间也加了一面镜子，它可以达到 300 到 400 次的反射。

大家可能没有注意到，当我们发现这个光探测器没有探测到光的时候，我们可以证明这个光回到分光镜再回到激光的发射器。但是如果在激光发射器和分光镜之间再加一个镜子，我们会发现什么呢？我们会发现回来的这些光会再一次受到这个镜子的反射，再回到分光镜，这和激光发射器出来的激光又发生了一次干涉，所以它们起到了一个抵消的作用，所有激光都在干涉仪里面。因此，我们的目的就是要让激光发射器当中所有的光都在这个空间里面不断地反射，反射 500 次或者是 200 次（如果 500 次太多），所以我们增加了这个光的有效路径，这些要素能够增加引力波的敏感度，让它更加显眼，更容易被观察到。另外，我们也试图改变引力波探测器的整个响应频谱，如果大家后期有什么问题，还可以来问我。这也就是我们所用到的原理，以及我们是怎么样把 LIGO 设计出来的。

看看另外一个问题的解决，我们展示的是镜子当中发生的一些事情。有两个镜子，首先我们试图想象一下，它的两个小板子其实是和地面接触在一起的，我们用这个来试一下，我希望它足够重，有一个钟摆，我现在移动它。我们看一下底部的钟摆，我慢慢地移动，慢慢地移动，现在我变得很快了，非常快了，它是有点重，所以效果还挺好的。没有摇好，我重摇一次。我用手来展示吧，这个东西不好控制。你看，当我移动的时候，它慢慢地走，但是如果我的动作加快了，我们会发现其实这个钟摆是基本不变的，它不会产生剧烈的移动，这就是我要展示的。

我们做这个摆不是做一级，而是做四级。第一个钟摆在地面，第二个、第三个，然后第四个，我们可以看到一共是四个钟摆。这样的话，我们可以从地面的一些振动或者是噪声当中将镜子隔离开来，这只是我们解决方案的一部分。它整个的组装原理图在下图左边。

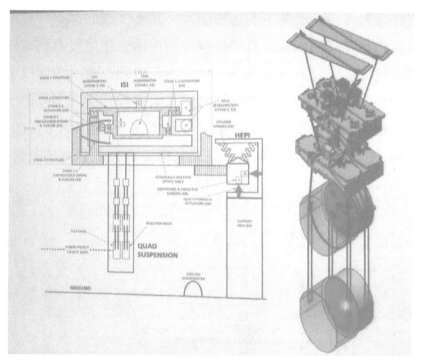

但这只是解决方案的一部分，整个装置是放置在一个平台上的，里面有一个地震仪测量地面的晃动。根据这个仪器的数据，可以驱动平台运动抵消来自地面的晃动。如果我们戴上耳机，就像我们坐飞机的时候，有的时候会戴降噪耳机，那是因为我们想听音乐，不想听到飞机轰鸣的声音。我们戴上降噪耳机之后，可以把外面的噪声隔离开来，就是拿个麦克风收录飞机的噪声，调整后和音乐一起放给我们听。这是同样的一个原理，就是把地面的运动隔离开来。

好，现在我们来谈一谈 LIGO。LIGO 是一个非常大的项目，在华盛顿州有一个，在路易斯安那州有一个，还有其他探测器在意大利的 Virgo，还有德国的 GEO600，它们都是探测器，我一会儿会分别给大家进行介绍。这就是我们引力波探测器的一个网络，我首先给大家介绍一下 LIGO。

大概一年半之前，在 2015 年 9 月份的时候，LIGO 观测到了一个东西，什么东西呢？就是下面这些图片，其实体现的都是一样的，我们可以看到有时间的展示，有臂长应变的展示，还可以看到有一些比较小的曲线波段，这些就是噪声，但是我们看到，有一条曲线突然变得非常陡峭，这是我们在华盛顿州和路易斯安那州所观测到的波，我们在它们相互之间做了一个相对时移，所以它们产生了非常好的重合，也就是说，在华盛顿州观测到的和在路易斯安那州观测到的非常相似，重合度非常高。

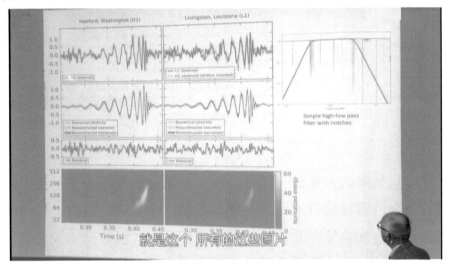

上图是我们理论上波的形状和实际上波的形状，我们可以看一下二者之间的对比，所以我们这个理论上的图绘制得还比较好，非常准确。其实我们展示的就是两个黑洞互相之间绕转。左手边我们可以看到它的频率，横轴是它的时间，它的频率随着时间的推移在不断地变化。我们可以看到曲线之间的距离是越来越短的，同样可以看到左手边和右手边的图是非常类似的。

我们进一步描述的话，就知道通过这些信息有两个 30 倍太阳质量左右的黑洞在不断地彼此运动，我们可以看到两边应变的变化，这是我们最开始所观测到的。我们知道在这个过程中因为引力波的产生有 3 个太阳质量的能量消失了。我们又看到了第二个信号，这个信号并没有看到的第一个信号这么明显、清楚。第三个信号是后面又观测到的引力波的情况，它的质量是比较轻的，但是能观测到的时间比较长。我们又看到了最后一个信号，每一个信号都是在不同的时间所观测到的引力波，它们彼此之间是没有关系的。如果用天空描述这四次检测到的信号的情况，这就是天空的一个图，然后大家能够看到最大的这样一个信号，是下面蓝色的这一个，当然我们也不知道它到底在哪里，但是我们把它称作一个香蕉形状的信号，我们不确定它们到底是从天空中的哪一个地方传播过来的,这是我们没有解决的一个问题。然后最近在 2017 年 8 月份，我们又达成了另一次探测，它并不仅仅是在利文斯顿和汉福德所观测到的，就是在路易斯安那州和华盛顿州的那两个探测器，同时 Virgo 也检测到了引力波，所以在这里大家能够看到它们的在频率空间里的特征,我们能够对它们进行进一步的分析，然后更好地去了解这些黑洞的信息。

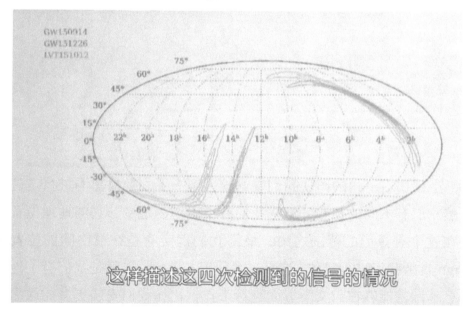

这样描述这四次检测到的信号的情况

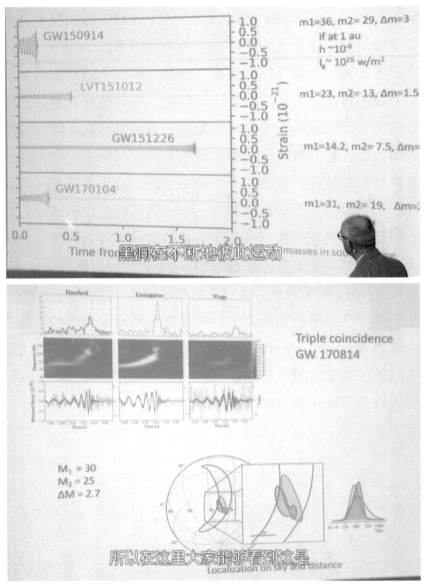

上图中右下角的图使我们很好地了解一下如何对黑洞进行定位，当然我们有不同的预测，但是我们有不确定的范围，它的地理位置就是在这个香蕉形的范围之内，最终我们确定它是在最中间的位置。Virgo 也帮我们进行定位，这是一个研究的基础，也就是我们有了这些信息基础，能够在天文学方面进行工作，比如我们安装更多的检测设

备的话，就能够更多地得到关于引力波信息的来源。

在这里简短地总结一下我们所见过的所有黑洞，但是有一个非常有趣的现象，纵轴是太阳质量，下面是 X 射线的研究，在 LIGO 之前的时候，我们见到了一些，然后图中这些大的是我们看到的两个黑洞结合在一起，形成了一个更大的黑洞，还有我们结合 Virgo 的项目一起发现的。这就是我们现在所观测到并推测到的黑洞。

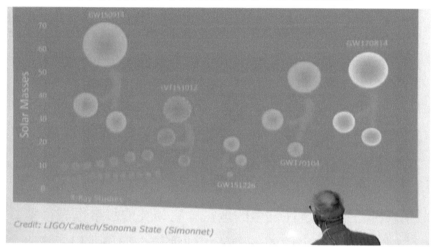

Credit: LIGO/Caltech/Sonoma State (Simonnet)

在这个之后，我们又发现了更加鼓舞人心的现象，当然之前检测到的已经非常令人激动了。我们其实非常幸运，也就是在同一个月中，我们又观察到了另外一个现象，这个现象也是非常了不起的，就是我们这次观测到的不是黑洞了，大家能够看到下图中关于时间和频率等的这些信息，所以我们把频谱进行了整合，也就是把两个地点所观测到的频谱进行了整合，包括 Virgo，以及华盛顿州和路易斯安那州。但是要给大家讲一下，一开始的时候 Virgo 是没有观测到的，随后会给大家讲为什么 Virgo 没有观测到。我们可以看到它持续的时间非常长，同时在上面的图中可以看到观测到了伽马射线，当这两个中子星进行碰撞的时候，观测到非常大的信息，也就是伽马射线的望远镜所观测到的现象。

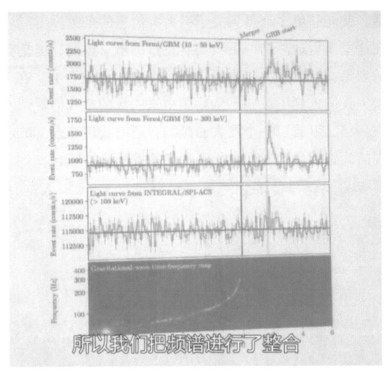

下图是我们这次事件发生的地点，它相关的故事也有很多。图中有关于波源位置不确定性的一个环状的地带，如果我们考虑到 Virgo

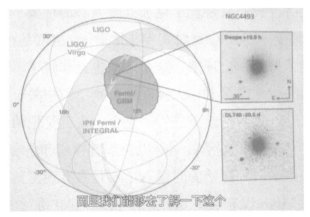

是没有观测到这一点的，而且根据它的天线响应模式，这就能够帮助我们知道在天空中的哪一部分的位置可能是信号来源的地方。所以我们能够看到在 Virgo 和 LIGO 的区域进行重合，同时看到绿色的部分，

这样就能够通过我们的整合来进一步确定它们的地址是哪里。这就是在银河系中的 NGC4493 这样一个位置，右下图是 20 天之前，右上图是 10 小时之后。我们能够看到一个圆圈，在银河系中有这样一个点，有一个光学望远镜帮助我们去确认了这样一个位置，所以这一点也是非常鼓舞人心的。

下图能够给我们展现出大家所使用的方法。比如有的是用两周时间观测到的，有的是用 LIGO 观测到的，还有的是用光学望远镜和其他不同的设备，包括 X 射线望远镜所观测到的信号，它们是在不同时间段检测到的信号。最终观测到的结果是这样的，大家对这样的一个研究也是比较早就有了，天文学家在之前就研究过如果两个中子星进行碰撞会产生什么，当然我们知道，在这个过程中可能会产生超新星，但是蓝色是最开始的情况，很快就会变成红色，然后变成红外。

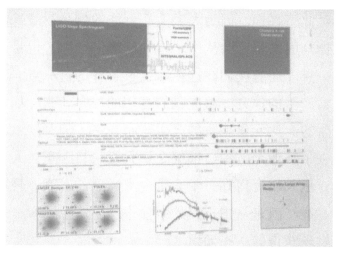

下图给大家展示的就是两个中子星进行碰撞，可能它们的碰撞会产生一个黑洞，然后会产生伽马射线，我们能够通过望远镜观测到这一点，但是并不能进行非常紧密的观测。在后期，我们可以通过不同类型的天文设备来了解这些中子星不同的信息，包括它们的材料。同时，我们知道它们在进行碰撞和爆炸的时候产生巨大的能量。

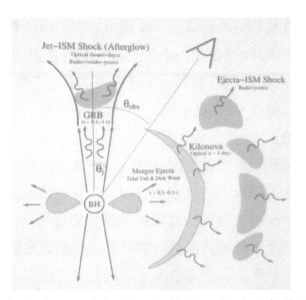

　　它帮助我们解决了一个问题，那就是，这对于全世界来讲都是非常了不起的事件，因为我们能够检测到引力波，而且这使所有的天文学家都开始对此感兴趣。因为大家关心可能的伽马射线暴起源，之前大家不确定伽马射线是否会从中子星的碰撞中产生，但是现在我们已经确定了这一点。还有我们在这里给大家解释的这一点，就是千新星是很多重元素产生的地方。组成我们身体的很多元素，如氢和氦是宇宙大爆炸产生的。比元素硼重的产生于超新星，但到铁就不太行了。大家就希望去了解像金、铂、铀等金属元素来自哪里，人们已经思考了很长时间，但并没有得到一个非常令人满意的答案，现在大家有一个可能性的答案，就是从中子星的碰撞中产生了重元素，这也是我们通过这个新发现获得的一些知识。

　　在这样的一种情况下产生了引力波天文学，而且我们也进入了多信使天文学的时代。我们有不同的类似的设备来进行观测，所以这也是非常了不起的一个进步，也就是我们生命中第一次看到了天文学家对引力波的现象是持有一种非常乐观和开心的态度的，但是现在我们还知道日本的 KAGRA，以及 LIGO 印度这样两个设备，这也是未来我们能够进行非常重要研究的一些设备。我们想做这一点就是因为我们能够更好地去了解在天空中这些信号来源的地址和位置，而且这也能够帮助我们去了解一下通过 Virgo 利用信噪比在天空中到底有多少香蕉形状的信号区域，通过这些信息我们能够更好地不断改善设备的灵敏度和信噪比。如果添加更多的设备，比如说 LIGO 印度，我们也能够很好地去了解更多的信息，这对于天文学家来讲也是非常重要的信息，而且是非常大的一个进步，我们能够更好地、更清楚地去了解引力波信号的来源是哪里。

我们还有未来发展的另外一个方向，就是进一步去改善检测设备的灵敏度，我们知道中国也在进行这些研究了，而且和中国的一些朋友进行过讨论，当然我们的发展一定是一个循序渐进的过程。给大家进一步展示一下这些曲线，第一个曲线是关于频率，是在 10^2~10^3 赫兹，左侧我们能够看到的是关于应力的频谱密度，随后大家在提问的环节可以提问我是如何对它进行定义的。我们能够看到有 Virgo 探测的情况，有噪声存在，这是我们未来应该达到的地方，也是我们设计 LIGO 的初衷，就是绿色的这条线。还有未来更加先进的 Virgo 的设计，可能在中部是比较相近的，所以在 Virgo 也是做了很多的贡献。现在我们能够想到的就是如何能够进一步地改善，这样一个想法就是帮助我们对现在的检测器进行进一步的改进。

还有就是我们有另外一个设备叫 Voyager，也是我想给大家的建议，就是如果有人问我中国在哪个方面能够参与，我觉得可以在这个地方。而且如果我们要进一步学习科学知识的话要选择一个很好的起点，我觉得这就应该是第三代的监测器、探测器，我们觉得这应该是一个 4 千米的系统，这也比较接近我们现在的状态。欧洲的一个想法，就是在地下有一个三角形的检测的设计，它的灵敏度可能会比较好，在这里我们希望能够很好地去了解一下。我刚才所讲到的一点，也就

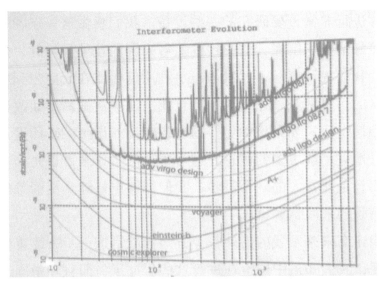

是我们可以对宇宙学进行进一步的探索，所以我们希望可以通过这样的方法很好地进一步探索宇宙的知识。谢谢。

Rainer Weiss
理解未来第 36 期
2017 年 12 月 19 日

Kip Stephen Thorne | 加州理工学院荣誉费曼理论物理学教授
2017年复旦中植科学奖获得者
2017年诺贝尔物理学奖获得者

　　美国理论物理学家，以在引力物理学和天体物理学的贡献而闻名。广义相对论下的天体物理学研究领域的领导者之一。同 Rainer Weiss 和 Ronald Drever 创立了 LIGO（引力波探测）项目。对理解物理定律是否允许向后的时间旅行和虫洞快速星际旅行做出了努力。因在科学普及方面的能力和贡献而受到赞扬。曾担任 Christopher Nolan 执导的电影《星际穿越》的执行制片人和科学顾问。

引力波理论与未来

首先我想先给大家讲一下我的个人经历，来告诉大家我自己和 Rainer Weiss 之间是如何进行合作的，以及我早期的一些经验。我个人比较注重理论，但是 Rainer Weiss 更加注重实验，所以我关注的是知识，他关注的是如何让这些知识研究变得更加成功，而且我也是非常希望能够通过这些理论的工具，比如说爱因斯坦的相对论，来帮助我们推动物理学的发展。

我 1962 年到 1965 年是在普林斯顿大学读书，那个时候我是一个博士生，我觉得非常兴奋，我是谁的学生呢？就是 John Wheeler，他研究的方向主要是中子星和黑洞，他也是黑洞理论和中子星理论非常

本文内容来自 Kip Stephen Thorne 的英文现场演讲，由北京师范大学的张帆团队翻译与整理。

著名的一位研究者，发明了"黑洞"这个名词。在我们的小组当中，还有一个非常重要的课题，叫做实验重力，当时这个小组是由 Bob Dicke 来领导。我们当时也是用了爱因斯坦相对论来做相关的实验证明研究。检测物理学一些非常基础的原理，就是我们做的一些事情。在 Bob 的小组里面有一位非常重要的成员，就是 Rainer Weiss，他当时是 Bob 的一位博士后。我虽然是理论学者，但是我也意识到了在实验领域天文学会有伟大发现，而学习实验方面的知识会对我有益。

1963 年我去了法国莱苏什（Les Houches），在那边参加一个夏天的研讨班，我当时遇到了 Joe Weber，现在 LIGO 用到的引力波理论就是他研究的方向。当时我从他那里得知了引力波，然后我对此非常感兴趣。我年轻的时候没有留胡子，我是年纪大了才开始留胡子的，因为我觉得我的下巴不够好看。

1966 年，我去了加州理工学院，成立了一个理论小组，我和我的同事们一起研究中子星、黑洞还有引力波。当时我就有了这样的一个见解，就是很多科学见解或者科学理论是可以从引力波当中来发掘的。有一位学生叫 Bill Press，我当时和他一起进行研究。在 1972 年，我们对比了一下电磁波和引力波的区别。它们都能够从遥远空间的另一端给我们带来信息。

我们有哪些种电磁波？有可见光、无线电波、X 射线、伽马射线等，它们只是波长不同。所有的波都有它自己的一种频率。它是什么东西呢？它其实是一个电磁场的振动，这个振动在时空当中的传播就叫做电磁波。刚刚 Rainer Weiss 教授也谈到了在空间变化的时候，我们会发现它有的时候会发生扭曲，有的时候会收缩，有的时候会伸长，这是引力波。我们发现电磁波还有一个特征，就是它其实是一个粒子、原子和分子发射的波的随机重合。但是我们发现引力波是时空本身的振动和扭曲，然后它的源的质量和能量都是非常大的，它所形成的波是一个相干辐射，这和很多天体电磁波是不一样的。另外，我们发现电磁波非常容易被吸收，也非常容易散射。但是引力波其实是不太会被吸收，也不会被分散，所以即便是在宇宙大爆炸的时候，所产生的引力波到现在也还存在。那个时候宇宙是非常致密的，也就是密度是非常高的，那个时候的波一直留存到了现在。

在 20 世纪 70 年代我们发现有很多引力波的波源是没有办法以电磁的方式来观测到的，包括我们的黑洞，例如，两个黑洞合并成一个，这些东西都没有办法通过电磁波方式观测到。这两者之间的不同其实就告诉我们，很有可能从引力波当中找到一些惊喜。同时我们有可能了解整个宇宙是怎么样进化的，所以我们就需要去检测和观察引力波，我个人非常感兴趣，想要成为这样的一个活动当中的一员。

1972 年，Bill Press 和我发表了第一篇文章的同年，Rainer Weiss 推出了自己的一个提案——应该怎么去探测引力波，他当时是发表在麻省理工学院内部的一份学术期刊上的，并没有对外发表。所以我们会发现，引力波探测的一套理论发表在一本非常小的校内的期刊上面，非常有意思。他的提议是非常吸引人的，他想要去除所有的噪声，把所有的注意力都集中到引力波的探测上来，这也是我们 LIGO 系统做的一件事情，就是去除所有的噪声来探测引力波。他还描述了我们这样的一个探测器到底要做到精度有多高、敏感性有多高，才能够探测到引力波，所以这其实是一套非常完整的方案，包括它能够精确到我们这个设备要多少米长、多少米宽等。我当时刚刚和导师写了一本书，叫《引力》，那本书里，我对这个设计给出的评价是不太乐观。 这其实是比较保守客气的说法，我实际想说的是这是疯狂的想法。

大家能不能试想一下，我们衡量一面镜子的运动，就用光来测量，但要测量到镜子的位移是所用于测量的光线波长的 $1/10^{12}$，大家能想象吗？觉得合理吗？能够测量成功吗？所以这其实是一个挺疯狂的想法，后来我和苏联卓越的实验物理学家 Braginsky 讨论并仔细研读了 Rainer Weiss 1972 年的论文之后，说服自己这样的一套方案是可以成功的，而我们的理论组应该尽全力帮助他们成功，我和我的学生如在座的陈雁北尽力去帮助他们，这也就是为什么我今天来到了这里。

我还想提一提，我们现在还没有达到设计精度的高级 LIGO 探测器，2020 年会达到这个精度。在这类的一个探测器的细节还没有提出来之前，也就是 1968 年，Braginsky 就提出了这样的一个概念，就是不论什么手段，都需要用于测量的仪器的精度达到量子尺度。如果我们要去测量一些非常大质量的物体的位置变化，我们会探测到一个大质量物质的量子涨落，包括我们用镜子来做这样的一个实验，就可以看到镜的量子涨落，会看到它的德布罗意波长是 10^{-17} 厘米，与探测需要的对应变的灵敏度相当。如果能够实现这样的做法，会以人类的身份第一次观测到与人体质量相当的物体以量子物理的方式来运动。如何在量子噪声环境中提取出大小相当的引力波信息，就是 Braginsky 所谓的量子非破坏性测量技术，这是理论与实验结合的一个好例子。这项研究是我和 Braginsky 两个研究组的合作产物，陈雁北在其中起到了至关重要的作用。

现在聊聊引力波的波源，我们已经知道了引力波是怎么回事，然后我们通过引力波能看到什么呢？我们可以看到两个碰撞的黑洞。我们都知道黑洞，它其实是一个天体，我们基本上可以把它看作一个圆形的东西，但转动的黑洞会变扁。它的重力非常强大，一般的东西都脱离不了它的引力。我们将表面的这个部分叫做它的事件视界，如果说我们过了这个界限的话，任何信号都发不出来了，因为它的引力非常大，包括无线电波都发不出来，全部都被它吸引。我跟大家说一个秘密，就是在黑洞里面，我们的时间都是以某一个特殊的方式向中心流动的，因为没有东西可以在时间上反向行进，所以也没有东西可以逃离黑洞。

下图是两个最初被探测到即将碰撞的黑洞，这是如果我们在近处的话我们的肉眼能够看到的黑洞景象。如果是13亿年前发生碰撞的时候，我们看到的就是这个样子，它是非常复杂的一个模式，背景星光的途径被黑洞弯曲，有些绕黑洞数圈，所以星空图像被扭曲成这样，就会碰撞在一起。我们说它是13亿年前所发生的一件事情，那个时候我们的地球上才刚刚有多细胞生物，但在离我们遥远的星系中，两个黑洞不断地围绕着对方运动，产生引力波，最终它们碰撞产生非常强的一个引力波。这个引力波5万年前到达银河系外围的时候，我们人类的祖先还在与尼安德特人分享地球。引力波在银河当中旅行，到达地球的时间就是2015年，先到南极，然后又向上穿过地球，首先是被我们路易斯安那州的监测站监测到了，然后在华盛顿州又被监测到了，它继续旅行，穿过地球，这就是我们观测到的现象。

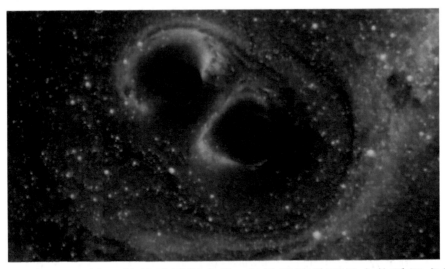

波产生的时候，就是从黑洞来的，但是黑洞并不是由物质组成的。确实，黑洞被认为是恒星爆炸坍缩产生的，然后恒星本身的这些物质会进一步被破坏变成奇点藏在黑洞里面，但其实黑洞的组成是弯曲

的时空。大家可以想象一下，把两个黑洞放在一个二维的面上，由于黑洞的周长和直径相比太小了，这个面不能和桌面一样是平的，必须被二维面弯曲放在一个更大的三维空间内。星际穿越是 4 维放在 5 维里，这和 Rainer 的网格是一个意思。时间的减慢在这张图上是用颜色表达的。在红色的地方，时间是比较慢的，同时我们能够看到箭头指向了空间运动的方向，以及时空弯曲的方向。在黑洞进行彼此环绕的时候，会进行碰撞，这个时候我们能够看到，就像是在海平面的水中，水会先下降，然后再向上去激起非常大的浪花。就像你在海面上向下砸一个东西，它也会有这样的一个现象，所以这是一个比喻。在两个黑洞进行融合之后，它们中间的空间会升起来，所以这个时候会有引力波产生，同时这个能量是非常大的，它相当于有 3 个太阳质量的能量，转化成了引力波，它们的发生是非常快的。这个单位时间的能量是非常大的，而且它是宇宙中的所有星球的能量在那个时间段总和的 50 倍以上，所以这是非常难以置信的一个现象。

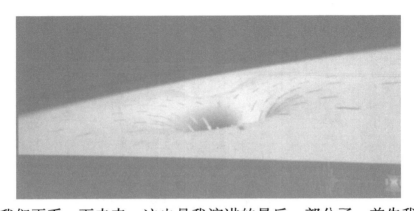

我们再看一下未来，这也是我演讲的最后一部分了，首先我们对 LIGO 系统会有一个改进。现在如果我们打开 LIGO 系统，也就是如果两个检测器都在运行的过程中，就像 Rainer Weiss 这样的实验科学家去观察一个月或者两个月，会观测到有双黑洞的一个合并，所以我们基本上可以说它是一个月一次，如果能够改善它的灵敏性，我们就能够看到黑洞的碰撞或者合并的事件率将会是这个的 27 倍，也就是说，我们从之前一个月观测到一次，到一天观测到一次，这个改进大概能够在 2020 年实现，这也是为什么 Rainer Weiss 和其他的同事关闭了检测器达一年的时间，来对它进行进一步的改进，增强它的灵敏度，所以这也是一个非常重要的实践，而且这个目标也能够很好地实现，来达到设计灵敏度。

在未来还有其他的可能，也就是在 21 世纪 20 年代的后期我们能够看到 Voyager 这样一个设备的灵敏性进一步改善，我们每一小时就能够看到一个双黑洞的碰撞。然后我们在欧洲还有一个爱因斯坦望远镜，它将在 21 世纪 30 年代的时候能够进行进一步的宇宙探测，它基本上能够看到宇宙中的每一次双黑洞的合并，只要这个质量是在 1000 倍太阳质量以下，所以这是我们未来进展的一个方向。

同时我们还能够观测到其他引力波的来源，比如中子星，我们也确实观测到了两个中子星的一个碰撞，同时我们也能够知道它的质量一般是 1.5 倍的太阳质量，而且我们能够看到中子星在进行旋转的过程中也会产生引力波，大家也会把它理解成在中子星表面有一些山脉，然后它会产生一些引力波，同时我们还会看到黑洞能够摧毁中子星。

像 Rainer Weiss 刚才给大家讲到的，我们希望能够看到恒星形成中子星过程中的爆炸，产生超新星。这能够帮助我们去进行观测，也就是去观测到引力波、中微子以及电磁波，进而能够很好地了解这个过程中的一些细节以及如何才能产生超新星。还有就是我们还可能看到理论假设的宇宙弦，像橡皮筋或琴弦一样散布在宇宙中。它们可以看成时空的缺陷，弹它们就像弹琴一样会发射引力波。当然除此之外还会有很多的惊喜。

在未来 15 年甚至是 20 年的时间里，我们会有 4 种不同的引力波的窗口能够打开。首先我们能够看到在 LIGO，能观测到的引力波是在几微秒的周期；LISA 观测的引力波的周期增加到分钟甚至小时；然后 PTA 会进一步增加到几年甚至是几十年；还有就是 CMB 的一个极化的探测，是数亿年的周期，这比人的寿命长得多，所以我们不去等着观测变化，而是去看这个变化的影响在天空中的分布。

这些窗口类比于 X 射线天文学、伽马射线天文学和射电天文学，在未来 15 到 20 年中，这些不同的领域都会是我们可以进行研究的新领域，所以是非常激动人心的。其他三个窗口是和 LIGO 不一样的一些探测器。首先是 LISA 这样一个激光干涉空间天线，它是在百万千米的空间距离上进行探测，所以我们也能够进行非常长周期的引力波的观测，从几分钟到几小时，它们的波长是非常长的，进而大家能够观测到从巨型的星系中央黑洞发出的引力波，这是非常强烈的信号，这个信号可能比噪声要高数万倍甚至是更多。这样的话我们能够很好地去了解一下时空的形状的细节，而且精度会非常高。我和 Wheeler 把它叫做几何动力学，这也是我们通过这些研究，在未来能够了解的。

还有就是小的黑洞围绕大的黑洞来进行旋转的时候，它会逐渐进入大的黑洞中，而且这能够帮我们对这些空间进行完整的测绘，就好像绘制火星地图的方法。

再说 PTA 探测在地球周围的引力波，我下面讲的并不严格正确，但是接近事实。我们更加详细地去讲一下的话，这些波在地球的时候会放慢时间演化的速度，然后再增加速度，再放慢，再增加。射电天文学家会通过对不同的天空中的脉冲星进行监测，非常精确地知道它们的时间。如果所有这些脉冲星都会一起加速、减速、加速、减速，就是引力波的信号，因为引力波影响了地球中所有钟表的时间。有了这样一种技术的话，我们可能会观测到超大的黑洞合并，也就是它的质量相当于数十亿个太阳的质量。

最后是我的预计，有了我们观测到的引力波，在未来的 15 年中，我们会开始去真正研究宇宙的诞生以及基本力的诞生，而这也是和所有的自然现象相关的。我们看一下，这个理论告诉我们，最开始在宇宙还非常年轻的时候，是不存在电场和磁场这样的概念的，所以当时麦克斯韦方程是不存在的。但是到了 10^{-12} 秒时间段中，我们看到出现了电磁力和弱相互作用的区分，然后就出现了电磁力以及弱相互作用力。这种过程很可能以一阶相变的方式达到。这样的话，新生成的力是在类似于气泡的地方存在的，这些气泡内部存在电磁力，外部没有，而且它们也会不断地扩张。气泡撞击时会产生非常强的引力波。宇宙在不断地膨胀的过程中，这些波的波长会不断地变长，进入 LISA 的探测波段。同样对于 LIGO，它也能够看到在 10^{-32} 秒中发生类似相变产生的引力波，但我们并不知道那时的物理定律是什么样的，所以这也是需要我们去进行进一步探索的。

我们还希望在未来能够观测到在宇宙最初产生的时候的引力波，也就是原初引力波。大爆炸时有一些引力波由量子扰动产生，但极小。

在宇宙大爆炸之后，我们会发现这样的一个引力波在暴胀过程中不断地被放大。这个引力波与微波背景辐射作用，影响原初等离子体，在微波背景辐射电磁波的极化中留下印记。宇宙学家们在研究和测量CMB或者研究这个极化的过程当中，面临的最大的一个挑战就是从信号当中把噪声分离出来，这样的话能够更好地观测到引力波，我觉得未来我们可能还需要 5 年或者 10 年的时间才能够完全剥离出这些噪声，看到非常单纯的引力波。我们在这边可以了解到的是什么呢？就是宇宙大爆炸还有暴胀一同产生的影响。

我们可以看到最后一张图，伽利略在 400 年前用这样的一个望远镜朝天边的方向看去，发现木星有卫星。2015 年，我们用 LIGO 检测到了两个黑洞碰撞产生的引力波，所以我们了解宇宙的方式正在不断地发生变化，不断地进步，在这 400 年间我们进步了多少？！我个人对此非常兴奋，我也非常期待未来的 400 年，我们观测宇宙、了解宇宙的方式会发生什么样的变化。

Kip Stephen Thorne

理解未来第 36 期

2017 年 12 月 19 日

第二篇

宇宙的"暗黑力量"与奇异系外行星

    暗物质被比作"笼罩在 21 世纪物理学天空中的乌云",在宇宙中所占的份额远超目前人类可以看到的物质。暗物质涉及了宇宙产生和演化过程中的一些最基本问题,因此找到并研究暗物质被认为将是继哥白尼日心说、牛顿万有引力定律、爱因斯坦相对论以及量子力学之后,人们认识宇宙的又一次重大飞跃。与百年之前相对论和量子力学即将诞生时类似,人类对物质世界的认识又一次站在了十字路口。

季向东   李政道研究所资深学者
        上海交通大学鸿文讲席教授
        未来科学大奖科学委员会委员

　　国家"千人计划"特聘专家，教育部长江学者讲座教授（2005），美国物理学会会士（Fellow，2000）。曾获得国家自然科学基金海外杰出青年基金（2003—2005）、德国洪堡基金会研究奖（2014）、美国杰弗逊杰出核物理学家奖（2015）和美国物理学会赫尔曼·费什巴赫奖（2016）、教育部自然科学一等奖（2016）。现任李政道研究所资深学者，中国高能物理学会常务理事，《中国科学：物理学力学 天文学》杂志副主编、《国家科学评论》编委，以及美国 EIC 加速器顾问委员会成员。曾任美国能源部自然科学基金委员会联合聘任美国国家核科学顾问委员会委员（NSAC member）、美国杰斐逊（Jefferson）国家实验室运作顾问委员会成员（PAC member）、美国物理学会 Bonner 奖评审小组成员。还担任过《欧洲物理学杂志》A 系列（强子物理和核物理）编委、美国国家理论核物理研究所顾问委员、美国 Gordon Research Conferences 核物理会议主席（1999）。长期从事核物理与高能物理的理论和实验研究，目前主要从事暗物质寻找实验以及中微子马约拉纳特性的研究。先后发表论文 160 多篇。

寻找暗物质

　　今天非常高兴看到这么多人对我们的暗物质、天体物理研究感兴趣，这给我们很大的推动力。今天我给大家讲一讲暗物质的研究，先从牛顿讲起，1687 年，牛顿发表了一个著名的原理，提出了物质间的万有引力定律，奠定了现代天文学的基础。在 229 年后的 1916 年，爱因斯坦发表了广义相对论，把牛顿的万有引力定律推广到了高速运动的状态，使其跟狭义相对论相吻合。100 年后的 2016 年，引力波观测站（LIGO）宣布发现了引力波，爱因斯坦广义相对论的最后一个预言得到了验证，这是人类对世界认知的巨大成功。但是从 20 世纪 20 年代起，有越来越多的证据发现牛顿和爱因斯坦的引力理论，可能在星系到宇宙的尺度上是错的。如果你不承认有错误，那么就要证明这个宇宙中一定有大量的看不见的东西，我们把它叫做暗物质。我们是怎么得到这个结论的呢？其中一个很重要的证据，就是所谓的恒星绕着星系中心转动的事实。

大家知道太阳是我们银河系里的一颗恒星，绕着中心在转动，转动的速度是可以测量的，同时我们也知道牛顿和爱因斯坦理论，可以用来计算它们的转动速度。结果我们发现它转动的速度要比牛顿和爱因斯坦的理论预言快很多，是不是因为我们的太阳是比较特殊的呢？结果后来发现不是那么一个情况。

事实上，太阳的星系离银河系中心有一个距离，我们测量了转动的速度，如果是基于牛顿和爱因斯坦理论的曲线，你就会发现天上有一个巨大的偏离。刚才这样一个实验的证据很难用别的理论进行解释，所以大家就提出了暗物质这个概念。如果我们承认牛顿和爱因斯坦是正确的话，那么像我们普通的原子和分子只是占银河系非常小的一部分，而大量的暗物质形成的球状的晕把可见的东西包含在了中间，所以我们的银河系是长成这个样子的：我们可见的星星都在中间，边上包了一个巨大无比的"雾霾"。

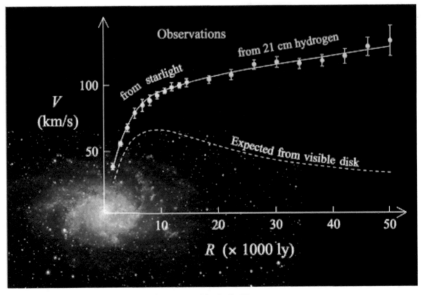

星系转动曲线

　　当然，这是一种假说，我们为了说牛顿和爱因斯坦肯定是对的，一定要发明一种东西，这种东西能够解释我们所观测到的现象。今天，几乎所有的天文学家都认为暗物质的存在是没有疑问的，问题是暗物质到底是什么？和普通的物质有什么关系？这是我们科学家需要解决的问题。

银河系（图片来源：维基百科）

　　我是做粒子物理的，我们自然认为暗物质很有可能是一种粒子，这种粒子肯定没有电磁相互作用，如果有电磁相互作用的话可能会被看到，它的寿命很长，现在最流行的理论认为暗物质是一种具有弱相互作用的粒子，叫做WIMPs，弱相互作用在原子核的内部，李政道和杨振宁就是因为研究了弱相互作用而获得了诺贝尔奖，这种粒子比起氢和氦的原子来讲要重很多。当然还有其他的选择，这是我们很多理论家认为最可能的选择。

　　如果暗物质是一种WIMPs的话，现在我们有三种办法进行探测：第一种是用加速器把它打出来；第二种是用卫星来观测银河系的中心因为暗物质而产生的作用；第三种是直接做探测，把一个探测器放在很深的地底下进行探测。这里我给大家讲一下怎么可能把这个暗物质打出来，大家都知道在日内瓦有一个非常大的粒子对撞机，把质子加到非常高的能量。碰撞了以后，如果能量足够高的话，就会产生这种暗物质的粒子，下图是具体的过程，说明怎么可能产生它。

如果暗物质具弱相互作用，它们的质量
小于3-5TeV，可以在LHC产生

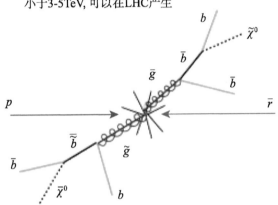

大型加速器（图片来源：维基百科）

这是一种办法，能量需要足够高，碰撞的强度、流量也要足够强，才有可能把暗物质打出来。还有一种是所谓的间接探测。大家可以看到刚才的银河系包围在"雾霾"里，这个"雾霾"越到银河系中心越稠密，在这么一个非常稠密的"雾霾"里，暗物质粒子相互碰撞可能会产生可见的粒子，比如说正电子、伽马射线、中微子等，所以我们可以用探测器探测银河系的中心产生什么样的东西。我们国家 2015 年发射了悟空卫星，这颗悟空卫星对准了银河系的中心看它产生的可见物质，特别是测量电子。

今天我要给大家介绍的是到地底下探测暗物质，为什么在地底下可以探测暗物质呢？刚刚我们讲了太阳系在"雾霾"里面运行，太阳的运动速度差不多是每秒 220 千米，所以相对来讲，"雾霾"像水流一样流过我们地球上的所有物体，我们可以通过一种办法来测量这种相对我们运动的"雾霾"。

暗物质粒子跟我们的可见物质的相互作用非常微弱，可以很自由地在地球里转来转去。但是它有一个非常小的概率，一下子碰到了原子核上面，就是说我们的普通原子、分子，暗物质粒子碰到上面会被撞飞，这种撞飞起来的信号是可以观测到的。所以我们造一个探测器，来等暗物质粒子撞到我们的原子、分子上，看它飞起来的反应，这个有一点儿像守株待兔。就是说我们的原子和分子是一棵一棵的树，而相对运动的"雾霾"像飞跑的兔子，一撞到原子和分子上就像兔子撞到树上一样有摇动，我们观测这个摇动就知道有兔子撞上了，这是我们实际探测暗物质的原理，但是碰撞的概率非常非常小。我们的身体里面大概有 10000 亿亿亿个原子，有这么多"树"，每秒钟穿透我们身体的暗物质粒子有上亿个，这么多的兔子百秒钟穿透树林，如果我们盯上一天，兔子撞上树的概率有多大呢？不到一个，不到一次，所以大家可以看到这个暗物质跟我们的普通物质相互作用的概率是非常非常小的。但是，我们的身体暴露在放射性的宇宙线下，我们的原子每天被宇宙线撞飞的次数有上亿次，所以大家可以想象，如果我们在地面上探测暗物质粒子来撞的话，就完全湮灭在我们的环境噪声里面。

所以这就是为什么我们探测暗物质要躲到非常深的地底下，每往下面1000米的等效水深，宇宙线的干扰大概减少为十分之一，2010年清华大学和雅砻江流域水电开发有限公司在四川锦屏建立了世界上最深的地下实验场所，那里面的宇宙线干扰减少为地面上的100万分之一，是非常好的探测暗物质的场所，这个地下室位于哪里呢？大家都知道西昌卫星发射基地，离那里开车两小时，就在大河湾的中央这个地方。这里有2400米，这个隧道长18千米，我们实验室在18千米长的中间。下图最右边是《自然》杂志专门报道了中国暗物质组到这么一个得天独厚的地方去进行暗物质探测。

给大家稍微介绍一下，探测暗物质实际上已经进行了30多年，从20世纪80年代，国外就开始搞，但是一开始的时候，国外造各种各样的探测器来摸索怎么样才能造出好的探测器进行探测。但是，到2000年的时候进展也不大，那时候人类发明了一种叫高纯锗探测器的半导体探测器。这个探测技术后来随着时间的增长，探测灵敏度指数上升，直到2010年的时候，人们又发现了一种探测技术，用液氙探测，以及另外一个更快的、指数上升的、探测灵敏度更高的仪器，所以到现在为止，我们的探测器的灵敏度已经上升了四五个数量级，那么我们在锦屏山的两个团队，清华大学和上海交通大学的团队，一个是用高纯锗材料，一个是用液氙来进行探测，我们选择了世界上最先进的两种探测办法。

这里讲一下我们所谓的PandaX，由来自上海交通大学、北京大学、山东大学、中国科学技术大学等的四五十个人组成的团队。我们的团队用液氙做成大型的探测器探测暗物质，因为时间关系不细讲了。我们的氙在常温常压下是气体，但是为了把"树林"搞得很稠密，我们冷冻到零下100摄氏度，所以变成无色透明的液体状的东西放在容器里，然后我们在液氙的上面和下面，放置非常灵敏的光电管和摄像头，

PandaX collaboration

我用一个摄像头看这些"树",用高灵敏的光电管来观察"树"的摇动。而且我们的技术非常先进,我们可以看到它的摇动是在哪一个方向,哪一个三维的位置。这个液氙有一个得天独厚的优势,我们可以在化学上做得非常纯。因为有放射性,这些"树"里产生很多的本底事例,我们提纯到一个 1 个 ppt,就是 10^{-12} 这么一个纯度,由于时间关系不讲探测原理了,下图是 120 千克级的探测器,可以看到有一些光电管。探测器直径 60 厘米,高 15 厘米,所以是 120 千克级的液氙。

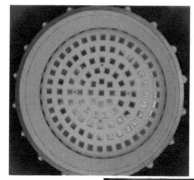

2012 年的时候，我们把这个探测器运到了地下实验室，把探测器和设备都在地下实验室安装起来，125 千克，没有发现暗物质。虽然没有发现，但是我们也可以做出一定的判断，比如说有一艘船在太平洋上找不到了，但是我可以在某一个区域去搜，如果没有发现这艘船，就把这个区域排除了，这也是一个很重要的成果。

我们 2014 年发表的结果把世界上看到的所谓的粒子信号统统都排除了。

2012 年 8 月 16 日进驻 CJPL

安装实验系统

接下来，我们又做了一个 500 千克级的探测器，2016 年开始运行，这个探测器当时运行的时候是世界上最大的暗物质探测器。

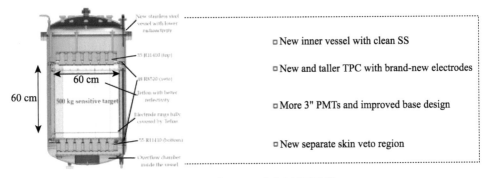

PandaX-二期 500 千克级探测器

由于时间关系，运行历史不细讲了，但是我们运行了三个月。这三个月期间，我们在探测器里面发现了 2450 万次树的摇动，这 2450 万次信号事件，每一次在什么时候发现、什么地点发生都会记录下来，记录下来以后我们就用各种各样的办法分辨，像用大数据在北京找某一个人，看看每一个人像不像，我们用各种办法甄别，甄别完了以后发现 2450 万的例子里面没有找到暗物质，细节我不讲了。但是我们搜过的区域是世界上最大的区域，达到了世界上最高的灵敏度，所以我们的结果发表在物理学领域 *Phys. Rev. Lett.* 杂志上，作为封面文章，我们的探测器也放在了封面，这是对 2016 年我们得到了世界上最强的对暗物质粒子性质探测的限制的肯定。

➤ 2015年主要对探测器和实验装置的各部分进行调试

➤ 试验运行(运行 8): Nov.22-Dec.14 (19.1 live-day ×306 kg FV)高Kr85 放射性

  ➤ (Phys.Rev.D.39, 122009 (2016))

➤ 在Kr85 减少后，物理数据采集开于 2016 年 3月(运行 9)

运行历史

130 万个在暗物质能区的事例

Cut	#Events	Rate (Hz)
All triggers	24502402	3.56
Single S2 cut	9783090	1.42
Quality cut	5853125	0.85
Skin veto cut	5160513	0.79
S1 range	197208	2.87×10^{-2}
S2 range	131097	1.91×10^{-2}
18 μs FV cut	21079	3.06×10^{-3}
310 μs FV cut	7361	1.07×10^{-3}
268 mm FV cut	398	5.79×10^{-5}
BDT cut	389	5.66×10^{-5}

TABLE IV: The event rates in Run 9 after various analysis selections.

事例选择（3 个月实验数据）

在中心的暗物质候选事例

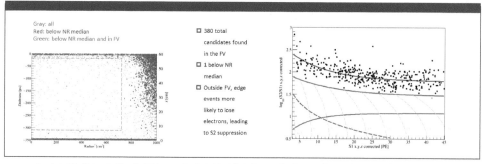

今年我们又发表了一个新的结果。我们用探测器不断地运行，今年又取得了世界上最好的结果，LUX 是美国的，XENONIT 是欧洲的，我们探测的结果比欧洲和美国的更灵敏。我们没有找到暗物质，可以继续找，造更灵敏的探测器。所以我们下一步的计划是造一个比现在灵敏度高 10 倍的探测器。世界上的暗物质探测是一个非常热门的领域，大家都是争先恐后地进行，欧洲和美国都在寻找。大家有很多的

计划，我们有一个计划是做一个 30 吨的。30 吨大概是世界一年的氙产量，所有产的氙都拿过来做实验，会让氙的价格涨 10 倍都有可能，如果我提出来要买 30 吨氙的话，是不得了的一件事。

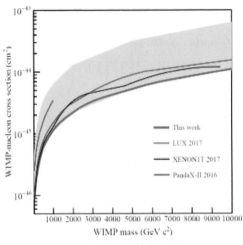

- Profile likelihood fits made to the data
- Yield a most stringent limit for WIMP-nucleon cross section for mass >100GeV
- Improved from PandaX-II 2016 limit about 2.5 time for mass >30 GeV
- Lowest exclusion at 8.6×10⁻⁴⁷cm² at 40GeV/c²

2017 年最新结果（被 *Phys. Rev. Lett.* 接受发表）

今后我们希望再做一个所谓的终极暗物质实验，这个实验能够把理论家预言的暗物质存在的中心区全部进行探测，判断暗物质在理论家预言的区域到底是不是存在。所以最后展望一下，我们今后 10 年，很可能把探测器的灵敏度再改善 2 到 3 个数量级，对暗物质是不是弱相互作用重粒子做出判断，中国暗物质直接探测团队有望对这个历史性的结论做出贡献。在十九大上暗物质卫星也被提及，所以我们也非常期待暗物质卫星和地下的未来发展，以后也许我们会造一个非常大的环形加速器来把暗物质碰出来。所以我们国家这几年，在这么一个世界最前沿的科学领域当中，已经开始从跟跑到并跑，到最后实现领跑世界前沿研究。谢谢大家。

季向东

2017 未来科学大奖颁奖典礼暨未来论坛年会·研讨会 2

2017 年 10 月 28 日

赖　东 ｜ 康奈尔大学天体物理学教授

　　康奈尔大学天体物理学教授。中国科学技术大学本科毕业（近代物理），1994 年获康奈尔大学理论物理学博士。成为加州理工学院（Caltech）的 Richard C. Tolman Fellow，于 1997 年成为康奈尔大学教授。曾获得美国 Alfred P. Sloan Fellowship 和 Simons Fellowship，并成为中国海外杰出青年科学家。领导康奈尔大学理论天体物理研究中心，重点研究致密星体（包括中子星和黑洞）、地外行星和行星形成理论。

非同寻常的系外行星

太阳系的情况

很高兴和大家讲一下系外行星的最新进展。我们首先回顾一下太阳系的情况，地球在距离太阳 1.5 亿千米的地方绕着太阳转，这个地球到太阳的距离叫做 1 AU，中文叫做"天文单位"，是一个非常方便的单位。水星在距离太阳 0.4 个天文单位的地方绕着太阳转，冥王星在距离太阳大约 40 个天文单位的地方绕着太阳转。

本文内容来自赖东老师的英文现场演讲，由马文博（上海交通大学暗物质探测项目组博士生）翻译与整理。

我们知道现在天文学家已经不再把冥王星视为行星了。为何如此？原因是过去的 20 年来我们发现有许多矮行星也在围绕着太阳运动，它们到太阳的距离就和冥王星到太阳的距离差不多。冥王星只是其中的一员，并不是特别了不起，有个别矮行星甚至比冥王星还大一些。这就是我们不再把冥王星视为行星的原因。它是一颗矮行星。

所以，现在公认的太阳系范围是从 0.4 个天文单位的水星，到大约 30 个天文单位的海王星；在海王星之外，还有许多矮行星。这就是我们已知的太阳系。

对第九行星的理论预言

关于太阳系的情况在大约两年前发生了变化。当时，两位天文学家 Konstantin Batygin 和 Michael Brown 发表文章，认为太阳系中有另外一颗大行星的存在，并把它叫做行星 X，或者第九行星。

这个理论预言是基于一些观测证据得出的。理论预言认为这颗行星在距离太阳系很远的地方，质量是地球的 10 倍；距离太阳 700 个天文单位，非常遥远；轨道非常椭圆，偏心率大约为 0.7；绕太阳转的周期是 2 万年。他们是如何得出这个结论的呢？我们已经提到了太阳系中有许多像冥王星一样的矮行星，其中一些矮行星的轨道非常椭圆。如果我们分析观测数据，会发现有七八个轨道形状非常椭圆的矮行星，它们的椭圆形轨道都往一个方向偏。这是一件非常奇怪的事情：如果矮行星的轨道方向都是随机的，它们的椭圆形轨道不会都在一个方向。现在七八个矮行星的椭圆轨道都往一个方向靠，就像是有一个牧羊人在赶着羊，把所有的羊都赶到一个方向去了，这是非常奇怪的。一个可能的解释就是存在另外一颗大行星，轨道也非常椭圆，但是朝向另一个方向，这颗行星就是第九行星。第九行星的引力把其他椭圆轨道的矮行星的轨道都变成另一个方向。

这颗第九行星存在吗？我们现在还不知道。迄今为止，这只是一个基于一些观测证据的理论预言。这颗行星的质量大约是 10 倍地球质量，到太阳 700 个天文单位，轨道非常椭圆。现在国际上有很多大型的望远镜在搜寻这一类行星。所以这可能会是太阳系中一颗新的行星；如果这颗行星真实存在，这会是一个非常重要的发现。

系外行星

以上是太阳系的最近情况。现在让我们把视角移到太阳系之外，考虑系外行星的情况。

系外行星是太阳系之外的行星。最近的 20 年内，人类在理解和探测系外行星方面取得了巨大的突破。20 年前，我们不知道太阳系之外任何一颗行星的存在；现在，在太阳系之外已经有 3000 多颗系外行星被证认，还有 2000 多个系外行星候选体，需要经过更多的观测结果来证认。我们现在知道，在太阳系之外，有许多颗系外行星在围绕着别的恒星运动。

系外行星的探测方法

系外行星非常暗，非常遥远，基本无法直接观测，我们是如何探测这些行星的呢？探测系外行星主要利用了两种方法。

第一种方法是**多普勒方法**，利用多普勒效应来探测行星。这种方法的原理是怎样的呢？如果有一颗行星围绕着恒星运动，由于行星和恒星彼此的引力相互作用，恒星也会绕着行星与恒星的质量中心运动。行星所围绕的恒星叫做这颗行星的主星，虽然行星非常暗，但是它的主星非常亮，我们可以直接观测到。多普勒效应是说，当恒星朝向你或者远离你运动时，它发出的光的颜色可以发生改变；如果恒星朝向你运动，它会变得更蓝一些；如果恒星朝远离你的方向运动，它会变得更红一些。因此恒星的光谱会有微小的谱移。如果有一台非常灵敏的望远镜，就可以探测恒星所发出的光线的微小的谱移，因此推断出恒星周围有行星的存在。

另一种方法叫做**凌星法**。它的原理更为简单。如果观测者是在系外行星系统的侧面观测系外行星,也就是说,如果轨道方向正好和视线方向相同的话,在行星绕着主星转的过程中,行星就会移动到主星前面,也就是位置在主星和观测者之间;这时行星就会遮住一部分主星的光。所以在每个行星公转周期中,恒星的光都会由于行星遮住主星而减弱一些。我们可以观测到恒星的光具有周期性减弱的特征,这就是探测系外行星的凌星法。这种方法要求我们能够非常精确地测量来自恒星的辐射通量,比如能够精确到能探测到 10^{-5} 这样的非常微小的恒星辐射通量的相对衰减。利用美国国家航空航天局(NASA)的开普勒空间望远镜探测恒星光度的减弱,在过去的 5 到 8 年内取得了巨大的成功。

这就是近年来探测系外行星所使用的两种主要方法。现在我们已经探测到了 3000 多颗系外行星。我们无法搜寻所有星系中的所有恒星,而且迄今为止天空中还有很多区域没有被搜索。但是基于目前的观测结果,我们已经可以知道星系中的每颗恒星都至少有一颗行星。我们银河系有 10^{12} 颗恒星,每颗恒星都至少有一颗行星,所以银河系中有许多颗行星了,我们太阳系中的诸多行星也并不特别。

我们为何关心系外行星

系外行星距离我们非常遥远,最近的行星距离太阳系也大概 10 光年,我们很难到那个地方去。我们为何关心系外行星呢?有两个原因。

第一个原因与宇宙中的生命有关。**我们是孤独的吗?**这是我们所有人都关心的问题。基于目前的观测,有 20% 的类似太阳的恒星具有潜在的像地球一样的宜居行星。像地球一样的含义是:大小和地球差不多,半径是 1~2 倍地球半径;宜居的含义是:到主星的距离正好合适。如果行星到主星太近,行星的表面温度就会太高,不适宜生命的存在；如果行星到主星太远，过低的温度也不适宜生命的存在。因此，宜居的行星需要具备合适的到主星的距离，从而具备合适的温度；表面的温度和地球差不多，可能适合生命的存在。有 20% 的类似太阳的恒星都具有可能宜居的行星。

现在你当然会问，这些宜居的行星上有生命吗？何种的生命呢？是非常原始的生命，还是高级文明呢？我们不知道这些问题的答案。有许多生物学家对这些问题上下求索。生命的起源自然是非常重要也非常困难的问题。

天文学家制订了下一个十年里研究系外行星大气的计划，并且试图寻找行星大气中的生物信号，就是说行星大气中是否存在与生命迹象有关的分子，比如一些可能由生命有机体释放的气体，如氧气、臭氧、氨气、甲烷等，都意味着可能有生命活动的存在。当然，即使有这些化学物质的存在，也不能保证这样的行星上一定存在生命。这个计划会在下一个十年付诸实施。

同时，我们也关注高等文明的存在，其中最有代表性的是搜寻地外智慧生物的 SETI 项目，这一项目已经进行了数十年。它的基本原理是，利用不同的射电望远镜搜寻天空中各个方向的射电信号，并尝试鉴别可能由智慧生命发出的射电信号。SETI 项目最近又从 Yuri Milner 处得到了大笔资助，来购买更多的望远镜使用时间。在中国，500 米口径射电望远镜 FAST 是当前世界上最灵敏的射电望远镜，也可以被用于搜寻来自智慧生命的射电信号，有望在下一个十年内付诸实施。

生命的确非常有趣，但也是非常遥远的计划。究竟能不能发现生命？也许明天就发现了，也许要花很长很长的时间。我们还有另一个研究系外行星的原因。

通过研究系外行星，我们可以从一个全新的视角研究行星的形成和演化，可以明白我们的太阳系是不是唯一的。这个领域就像是天体物理学的其他领域一样。天体物理的其他领域，比如研究黑洞，研究中子星并合，研究宇宙大爆炸，这些都是距离我们非常遥远的事情，我们没法做实验，也不能产生任何经济利益，但是我们为何研究这些领域呢？原因是，我们想知道宇宙是如何运转的，我们想知道宇宙中不同的客体之间是如何相互作用，才形成了今日的宇宙。这是另一个研究系外行星的原因。

我来举一个例子。现在已经有了 3000 多颗证认存在的系外行星。在下图中，纵坐标显示了行星的质量，以一个木星质量为单位；横坐标显示了行星到主星的距离，以地球到太阳的距离为单位。我们可以看到系外行星有非常大的质量范围，从 10^{-3} 的木星质量，也就是一个地球质量，到 10~20 个木星质量；距离从 0.01 个天文单位到 100 个天文单位。所以这些行星都和太阳系内的行星截然不同。这些红点代表的星球，距离是大约 0.1 个天文单位，但是质量是大约 10 个地球质量，叫做超级地球，图中显示有很多超级地球的存在。所以我们知道，银河系中有许多各不相同的行星系统。

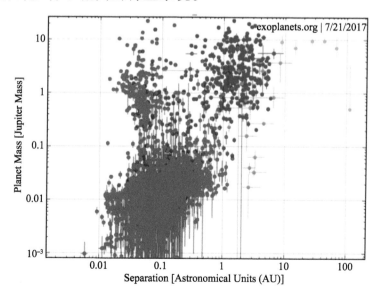

系外行星的惊人之处

最后我来告诉你们系外行星的一些惊人之处。我们想从这些系外行星系统中学到什么呢？天体物理学家试图理解的关于系外行星的惊奇和困惑有哪些呢？

第一个困惑是刚刚已经提到的许多系外行星系统具有非常短的公转周期。它和主星的距离非常近，距离在 0.01 个天文单位左右；公转周期只有几天时间。相比之下，地球绕着太阳转是一年的时间，365天。这样的观测结果令人震惊。这些行星是怎么形成的呢？这是个大问题。这里还有另一个例子，由开普勒望远镜发现的致密行星系统（compact planetary system）。下图中上方是太阳系，下方是行星系统开普勒-11(Kepler-11)，包含七颗行星，这七颗行星的轨道居然都比水星的轨道还要靠内。我们已经发现了许多这样的致密行星系统。

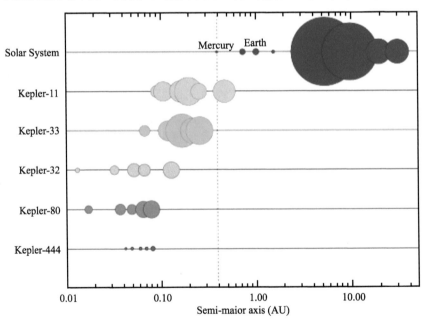

图片来源：Campante T L, et al. Astrophysical Journal, 2015, 799: 170

它们是如何形成的？我们从未想过这样的行星系统能够形成，但是现在我们却发现了它们的存在。我们认为通常情况下,巨行星(giant planet)是在原恒星(protostar)周围由气体和尘埃组成的原行星盘(protoplanetary disk)中形成的。在恒星演化的早期,巨行星形成于距离恒星遥远的地方,因为距离恒星遥远的地方足够冷,能够引起气体和尘埃的凝结。所以解释这种短周期行星的其中一个观点就是,对于短周期致密行星系统,行星原本在非常遥远的地方形成,之后通过与行星系统气体的引力作用迁移到了距离恒星非常近的地方。也就是说,行星形成以后在气体周围运动,然后逐渐迁移到了非常近的地方。这种过程的确可以发生,但问题是,我们必须利用某种方式使这种迁移过程停下来。因为在迁移的过程中,行星的运动速度往往会越来越快,最后被恒星所吞噬。我们应该怎样停止这种迁移过程呢?这是一个谜。

另一个困惑是,许多系外行星系统具有非常椭圆的轨道。这与太阳系全然不同,在太阳系中,大多数行星的轨道都是接近完美的圆形,非常整齐有序,但是系外行星的轨道往往非常椭圆。为何如此?我们不知道。

还有一个困惑是,在太阳系中,所有的行星都在一个平面上以相同的方向运动,太阳的自转方向也是如此。但是有一些系外行星系统的结构非常奇特:行星在同一个方向运动,但是主星的自转方向却完全不同,甚至相反。行星的公转方向和主星的自转方向并不一致,这也是非常不寻常的现象。

最后一个困惑是,我们发现了围绕着两颗主星公转的行星。这是在过去的 10 年内发现的。大家都很熟悉《星球大战》这部电影,电影中卢克·天行者在一个叫塔图因的行星登陆,塔图因有两个太阳,而塔图因围绕着两个太阳运动。我们发现了像塔图因这样的行星的存在,而且并不罕见。我们发现了十二三个这样的行星系统。在这种行星围绕双星运动的系统中,行星往往非常接近它们的不稳定极限。这种事情非常令人疑惑,因为如果行星稍微靠近恒星一点点,它就会不复存在。它的结构会变得不稳定,然后直接消失。这种近围绕双星运动的行星应当是非常罕见的,但是我们却发现了许多。所以,我们想要理解这类行星是如何在双星周围的气体盘中形成的。我们可以模拟这样的过程,这正是我们目前的工作。

总结

由于时间关系,我们先到这里。我介绍了太阳系的情况,介绍了关于太阳系的第九行星的近况,我们在努力地搜寻第九行星。我介绍了系外行星的一些情况,这无疑是目前天文学和科学领域近年来最激动人心的方向之一,也会在未来继续涌现出精彩的发现。关于系外行星,我们还有很多东西尚未理解。最后,我们希望在系外行星系统中发现生命的存在。

谢谢!

赖 东
2017 未来科学大奖颁奖典礼暨未来论坛年会·研讨会 2
2017 年 10 月 28 日

毛淑德　清华大学天体物理中心主任
未来科学大奖科学委员会委员

　　1988 年毕业于中国科学技术大学物理系，获理学学士学位；1992 年毕业于美国普林斯顿大学天体物理系，获博士学位。美国哈佛−史密松天体物理中心以及德国马克斯普朗克天体物理研究所博士后；2000 年就职英国曼彻斯特大学，2006 年任教授，2009 年入选国家第二批"千人计划"。现任清华大学天体物理中心主任和中国科学院国家天文台星系宇宙学部主任。主要研究兴趣：系外行星搜寻、星系动力学和引力透镜。

暗物质、太阳系和恐龙灭绝

　　非常感谢未来论坛给我第二次机会做演讲，今天跟大家讨论暗物质、太阳系和恐龙灭绝，比较吸引人，但其实在科学上还没有完全定论的话题。我女儿说对她而言这可能是最吸引人的话题了。

　　刚才向东已经解释了暗物质存在的最早证据之一是银河系星系里面的旋转曲线，什么旋转曲线呢？你去观察银河系这样的示意图，如果是这样一个恒星或者气体，你会发现它们都在绕着银河系的中心旋转，你把它的旋转速度沿着半径的变化画出来就是下面这张图。

　　你可以看到一条红线，这是按照开普勒原理算出来的发光物质引起的旋转曲线，你会看到观测到的旋转曲线（白线）比发光物质引起的旋转曲线大得多，也就是说，星系外部很可能很多的物质是不发光的，

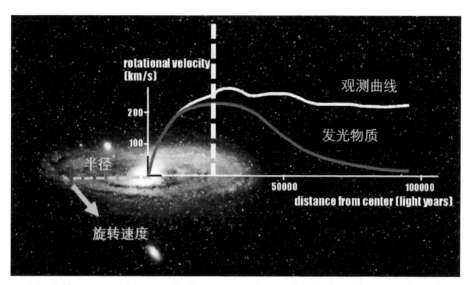

而且越到外面，观测到的曲线比发光物质引起的曲线超出得越高，所以越到外面，暗物质的成分越来越重要。向东是研究粒子物理的，他没有告诉你太阳的位置在银河系什么地方，我们的太阳并不在银河系中心，也不在很外面，在垂直黄线标出的地方，所以你会看到发光引起的曲线和观测到的旋转曲线相差不大，甚至有可能会在观测的不确定性内，季向东花很多钱找暗物质，但我们天体物理学家怎么样确定暗物质是存在的呢？下面是在美国夏威夷拍摄到的图片。

那里有很大的望远镜，现在中国天文学家用的天文望远镜和国外差距很大。但是我们非常引以为傲的是古人的诗句还是非常美的，无论是李白的诗句还是其他诗人的"卧看牵牛织女星"，都是非常浪漫

的。如果能发射一颗卫星，利用它你可以看到银河系中心有一个隆起的鼓包，有一个非常延展的银河系的盘，可以看到中间有发红的东西，这其实是宇宙中的尘埃。

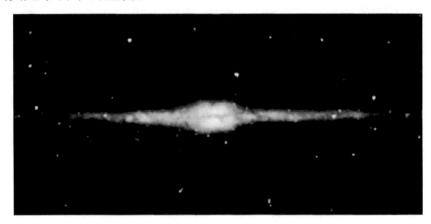

刚才向东说暗物质是"雾霾"，我认为他的比喻其实不太准确，这些才是宇宙里面真正的雾霾：尘埃的大小大概就是 2.5 微米，就是北京人经常呼吸的 PM2.5，而且宇宙当中非常多。

我们生活在银河系的盘里面，但如果我们能从上面看银河系的话，银河系的结构是下图这样的。有非常美丽的旋臂，红色的区域是新的

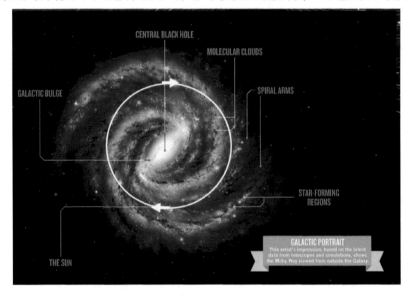

恒星产生的地方，也有老的恒星死亡，恒星的演化就像人类的生死循环一样。你可以看银河系，太阳在银河系的位置在图的下侧，上面标着一个太阳的位置，离银河系中心大概 24000 光年。它绕着太阳系的中心在旋转，速度大概是 220 千米每秒。太阳绕着银河系旋转的周期是 2 亿 3000 年，所以我们的太阳其实已经绕着银河系中心转了五六十圈了。

如果说你转过来从边上看银河系的盘，可以问这样一个问题：我们是不是在银河系的盘的中间呢？如果说我们把下图这个左侧的太阳系附近的地区放大的话，可以看到下面的图。

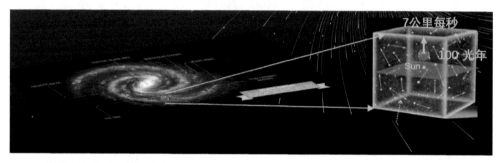

我们的太阳并不在银河系的中平面（mid-plane），我们离银河系的中平面大概 100 光年，而且正在以 7 千米每秒的速度往上走，这个时候你可以想到了，因为太阳在中平面的上面，下面的引力比上面的引力要大，并且下面的物质更多，所以虽然说它在往上走，它的加速度是往下的，可以看到太阳往上走以后，它的速度慢慢地降为零，然后在引力的吸引下往下走，经过中平面以后，加速度变为向上，这样周而复始，可以想象这是一个周期振荡的运动，就像每一个中学生都知道的单摆的周期性运动一样。这个周期大概是多少？几千万年左右，我们人类生命里面完全看不到这个恒星的周期性运动，但是有一个什么好处呢？不仅太阳在中平面附近振荡，其他的恒星也在振荡，这个速度我们是可以测出来的，而且牛顿力学告诉我们太阳和恒星的运动速度取决于总密度，总密度越高，速度越大。所以如果我们能够通过观测太阳附近的恒星的运动速度，就可以测出它的总密度，总密度减去我们可以看到的恒星的密度，我们就能得到暗物质的密度。当然

太阳和恒星的运动速度取决于总密度：总密度越高，速度越大

总密度-恒星密度 = 暗物质密度

原理上说起来非常简单，但是真要测到这个恒星的运动速度并不容易。其实刚刚赖东教授已经说了太阳的白光，如果用雨滴来分成彩虹的话，我们会有 7 种颜色。天文学家用更加高的能量分辨率来看太阳的话，可以看到其实太阳白光的光谱有很多的吸收线，原因是太阳的中间比较热，光子到表面的时候温度比较低，被表面气体的各种原子吸收了，形成了上面看到的吸收线。但是我们实验室看到的谱线的位置并不是在太阳上看到的谱线的位置：刚才赖东教授解释，因为恒星的运动，离我们而去，谱线会往红端移动，也就是红移；如果恒星的运动向我们而来，谱线会蓝移。谱线移动多少取决于恒星的运动速度。

如果我们能够对更多恒星进行观测，得到它们的光谱，我们就能测出很多恒星的运动速度。在河北兴隆，距离北京两个半小时车程的地方，我们有一个 LAMOST 望远镜，它得到了 800 万颗恒星的光谱，这是世界上数据最大的恒星光谱库，可以说是其他数据的 10 倍左右。我的一位博士生，用了两三年的时间，利用恒星产生的光谱数据库，把太阳附近的暗物质密度测出来了，测出来的速度是多少呢？这个暗

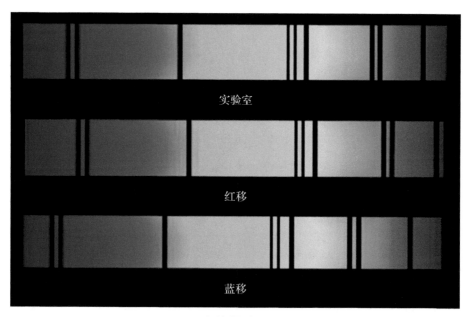

多普勒效应

物质密度是方糖密度的 1 亿亿亿分之一,10 的负 24 次方,在方糖的体积内只有一个氢原子的质量,非常非常低,几乎是虚无缥渺的。暗物质对地球的运动有无影响呢?现在来看显然是否定的,因为在日地距离的球形内,暗物质的总质量是太阳质量的 100 亿亿分之一,非常小,对地球的运动影响非常小,是现在的观测手段无法探测到的。但是,太阳系的结构相当复杂,有太阳、水星、金星、火星到天王星、海王星;在 2 倍日地距离到 3.5 倍日地距离有所谓的小行星带,我们看到的小行星就从这儿而来;在 30~50 倍日地距离之间,在海王星之外有一个所谓的柯伊伯带,能够产生一些周期小于 3000 年的短周期的彗星。其实太阳系的结构比这个还要复杂,现在我提到的这些结构都在地球绕着太阳转动的平面上,其实太阳系比这还要复杂,在这个柯伊伯带外面(50 倍日地距离之外)还有一个更大范围的,而且是球状分布的奥尔特星云,它的半径要大得多,10 万倍日地距离,能产生很多长周期的彗星,看下图。

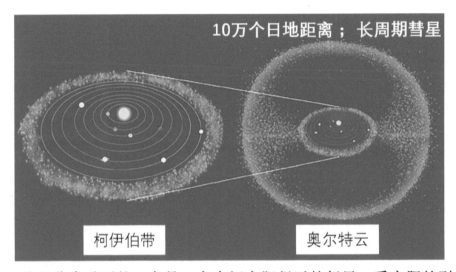

这里非常重要的一点是，离中间太阳很近的行星，受太阳的引力束缚很大，绑得很紧，轨道不容易产生改变。但是如果一个彗星离太阳很远，引力束缚很弱。因此，如果太阳附近的引力场有改变，彗星的轨道很可能会发生变化，这样的话有一些彗星甚至会撞到地球上，引起生物的灭绝，这个观点是哈佛大学物理系教授 Lisa Randall 提出来的，她写了一本书：《暗物质与恐龙》。这个引力的微弱变化是怎么样引起的呢？可以从下图来看。

刚才我提到了太阳其实是绕着中平面在上下振荡，同时它又绕着银河系的中心在转动，所以你把这两个运动叠加起来的话，太阳系沿着中心的运动是波浪形的振动。然后在 Lisa Randall 的理论里面，银河系盘里面，还有一个质量很大、很薄的暗物质盘，太阳系每经过一次这个很薄的、质量很大的暗物质盘的时候，引力场会产生很大的涨落，这样的话就有可能会引起彗星轨道的改变而撞击地球，引起恐龙的灭绝；这个理论很简单，提出后也引起了很多的新闻效应。

天体撞击非常多，比如看这张月球的正反面图，我们可以看到很多的陨石坑。这里有一个非常简单的问题：为什么正面的陨石坑少，反面的陨石坑多？天文学家没有定论，所以做天文是非常引人入胜的，因为很简单的问题我们还没有答案。

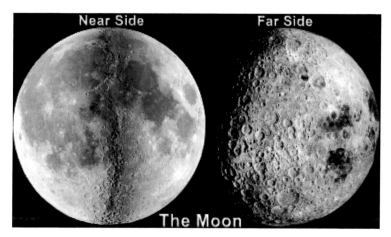

地球上也有很多的撞击点。北美、澳大利亚有很多撞击点，中国的连续撞击非常少，2007 年才发现第一个，在辽宁省的岫岩满族自治县。你就要问了，自然界是不是对中国人情有独钟？我想或许不是这样的，可能是因为我们中国天文学家和地理学家做的功课还不够，还没有把中国境内的

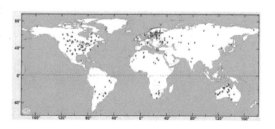

陨石坑找出来？

当然现在科学家一般都认为恐龙灭绝是由一次非常大的小天体的撞击引起的。比如说我们在墨西哥发现一个非常大的陨石坑，可能是地球上最大的陨石坑，是一个直径 10 千米左右的小天体撞击到地球上，撞到了墨西哥那里，直接引起了恐龙和 75% 左右的生物灭绝。我们怎么知道是天体撞击造成的呢？大约 6600 万年前有一个化石层，里面有一种特殊的元素，中文名称是铱，成分非常高，在地球上非常罕见，但是在小行星里面很常见。我们算出生物灭绝的年龄以后，和成分很高化石层的年龄基本上一致。所以绝大多数的科学家现在认为恐龙的灭绝确实是因为小天体的撞击。

Lisa Randall 提出的理论非常吸引人，把暗物质、太阳结构和恐龙灭绝联系起来，但是科学家的理论必须有预言，能够被证伪，她的预言是什么呢？我们知道太阳在垂直于银河系盘的运动有周期性。她估计物种灭绝的周期性大概是 3500 万年。从下图我们可以看到物种消失的比例随时间的变化，时间单位是百万年；可以看到有很多的峰，每个峰是一次非常大的物种的灭绝，恐龙灭绝大概在 6600 万年前，右边有两个红色的箭头表示了预言的周期，基本上是 3500 万年。我们仔细看这个灭绝的时间分布，好像确实有那么一点证据，但是这个周期的证据不是特别明显。

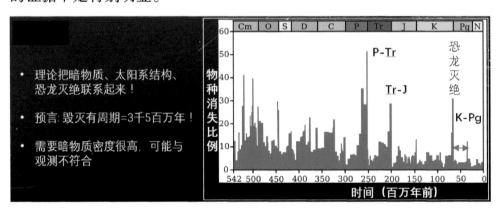

当然，我个人认为她这个理论很可能是错的，为什么？她要求这个引力的变化非常大，所以暗物质盘要很薄、质量很大。这和我的研究生测出来的暗物质的质量相差很大；她要求的暗物质密度比我们大多数天文学家公认的暗物质密度高 50 倍左右，很可能不正确，为什么今天要讲呢？我想未来论坛讲的是某种"蓝天白云"（异想天开）的东西，这个理论能够把各种东西联系起来，这种科学探索的精神非常令人佩服。

当然了，陨石撞击导致恐龙灭绝，对恐龙来说非常悲哀，但这给人类也提供了非常好的机会。当然我们也不能幸灾乐祸，人类是否会遭遇同样的命运呢？世界各国，尤其是美国 NASA 在巡天上投入了大量的人力和财力，包括美国军方投资的望远镜，也是在搜寻天空。天文学家也是搜寻到了很多的小行星，可以说我们天文学家默默地在做杞人忧天、保护人类的工作。当然我想可能人类的危机，至少短时期的危机并不是从天上来的，而是我们人类自身的。我特别希望科学家还有未来论坛都能为了创造更好的人类未来做出自己的贡献，谢谢。

毛淑德

2017 未来科学大奖颁奖典礼暨未来论坛年会·研讨会 2

2017 年 10 月 28 日

科学·对话

|对话主持人|

毛淑德　清华大学天体物理中心主任、未来科学大奖科学委员会委员

|对话嘉宾|

季向东　李政道研究所资深学者、上海交通大学鸿文讲席教授、未来
　　　　　科学大奖科学委员会委员

赖　东　康奈尔大学天体物理学教授

毛淑德：今天我不知道未来论坛有没有注意到，我首先讲一下有一个巧合，我们三位都是20世纪80年代通过李政道先生的CUSPEA项目到美国求学以后还继续留在物理学界的少数人之一，现在聚集在这里。季向东是1982年到美国，我跟赖东是同一届的，1986届。他是全国第六名，我比他落后了一些，全国第七名。所以这是一个巧合。

今天他们两位都做了非常精彩的报告，首先，我想问你们一个问题，就是说20世纪物理学界也产生两朵乌云，现在我们又有了暗物质和暗能量这两朵乌云，比如季向东找暗物质。但我们20世纪初找以太，找了很多年没有找到，最后发现理论是错的。你怎么知道现在我们找的暗物质会不会像20世纪初苦苦搜寻的以太呢？如果打赌，你赌暗物质存在的概率是多少？十比一还是一百比一，还是一百万比一？

季向东：我来回答这个问题，刚才毛淑德教授提到了以太，确实，以太对爱因斯坦相对论的产生起到了非常大的推动作用，原来我们在19世纪有这个电磁波，发现了电磁波以后，我们知道波是有介质的，人家问电磁波传播的介质到底是什么，物理学家就发明了以太，说电磁波是在以太里传播的。所以人家就去找以太，当然我们知道结果是没有找到以太。虽然没有找到以太，但是迈克尔逊还是为美国获得了第一个诺贝尔奖，因为他发明了一个非常精密的仪器来测量这个以太相对于地球的速度。大家可能都听说过，叫做迈克尔逊干涉仪，他发明的这个仪器没有测到地球相对以太的速度，发现速度是零。因为我们知道地球相对于太阳运动的速度差不多是每秒 30 千米,它的速度是零的话，就使大家认识到可能这个以太是不存在的。

所以这就使爱因斯坦提出了"光速在任何参照系，包括惯性参照系中都是一样的"这么一个非常大胆又非常难以理解的假设，是吧？这个假设之下诞生了狭义相对论，所以虽然没有发现以太，但是它的意义非常重大。一个是理论上的创新，就是相对论；另一个是仪器上的发明，就是迈克尔逊干涉仪。我再讲一下，引力波就是用了巨型的迈克尔逊干涉仪发现的，仪器的作用也是非常重要的。现在的暗物质是不是又是一个以太故事的重复？这有可能，有可能我们在那里辛苦搞 10 年、20 年、半个世纪，甚至一个世纪，啥也找不到。即便找不到，我们还有两个方面的收获。第一个是仪器的探测，我刚才讲到了我们的探测仪非常灵敏，能够看到一个光子、一个电子，像这样的仪器从前很少去研发。这个仪器也许在探测暗物质的过程中没有太大的用处，但在其他的方面会有用处。

第二个是如果理论家预言的理论存在，比如说现在有超对称，认为时间和空间有超对称，那么就预言了很多类似于暗物质的粒子，如果我们苦苦搜寻找不到，这就对时空的超对称提出一个挑战，所以对这个超对称的想法根本是错的，这样的话我们需要新的理论来解释天文学中的现象。为什么太阳的运动速度，刚才已经提到了，可能在误差范围内？但是有旋转曲线表明跟牛顿的理论确实有很大的偏差，这个偏差是从什么地方来的呢？如果说暗物质不存在，是不是在这个尺度上,牛顿的理论是错的?正确的理论又是什么?所以这样研究的话,会对我们各方面带来很重要的进展。

毛淑德:那也请赖东打一下赌,暗物质是否存在?

赖　东:我打赌的话,我相信暗物质存在,但是我估计可能探测到的机会比较小,因为有很多暗物质理论的可能性非常小。我之所以打赌,是因为我相信相对论的道理,并且这个引力波也是存在的。

毛淑德:刚才赖教授也提到了,觉得系外行星或者说地外生命在10年、20年之内会被发现,你的依据是什么?地外生命为什么存在?

赖　东:现在我们已经知道了有20%的和太阳差不多的恒星具有宜居行星,但是最近10年、20年之后,我们有各种类似NASA的机构,有美国、欧洲等的各种计划,很多国家都有计划要去研究,并且做一些分子层面的、与生命有关的探测。我觉得这个可能会发生。发现了臭氧和甲烷气体的话,有没有生命还是一个很难的问题。20年之后很有可能会发现有一些生命的信号,这会给我们信心,知道会有生命。对于我来讲,这就是人类长期的项目,也是人类的好奇心。这是人类的一个非常长期的、上百年、上千年的计划。

毛淑德:向东,你觉得这个系外生命存在的可能性有多大?

季向东:我觉得可能性还是相当大的,刚刚赖教授讲到每一个像太阳这样的恒星可能有一个宜居行星,讲到我们银河系里面有相当于一万亿个太阳这样的恒星,你可以做各种各样的统计,不能太大,也不能太小,不能太近,也不能太远,所以我觉得有一个存在是有可能的。

毛淑德:我想问两位最后一个问题,跟刚才我的开场白有关,很多的同学在往华尔街飞奔的时候,为什么你们留在了物理学界?觉得物理和天文有什么特别美的地方吗?

赖　东:对我自己来说,我觉得极端条件,包括黑洞,实验做不到,但是通过天体的东西可以,包括在极端条件下的物理学。我有很多的朋友在华尔街,我们都是好朋友,一个周五的下午我在斯坦福开会的时候做了一个报告，然后我发现那些工程师都非常聪明，问了很多好问题，就想解决这些非常实际的问题，这是我们一周当中的最佳时刻。我因为他们而大开眼界，解决问题的时候，希望有一些刺激。这对我们来说都很重要。

季向东：我觉得研究物理学、天文学确实是一种生活方式，对我们来说，我们了解别人从来没有想过也没有做过的东西，这是非常大的激励。我觉得人类一个很重要的目标是：有饭吃，闲暇的时间应该做更多有趣的事情。您刚才放的很多关于物理学、天文学的图，我觉得这是非常美的东西，是吧？所以我觉得能够从事这样的一个职业是很幸运的。您刚刚讲到了 CUSPEA（中美联合培养物理类研究生计划），这个群里面有几百人，有很多人不做物理和天文了，但是从讨论的过程中，可以看到这批人中还有很多人美慕我们留在物理学和天文学界的。他们对年轻时候的很多梦想还是非常非常执着，认真地讨论，所以我也感觉到我们留下来是很幸运的。

毛淑德：我的同事说我们是精神贵族，我觉得这是最好的概括。下面有没有勇敢的观众可以提几个问题？

观众提问：我是一个生物学家，所以对星外文明特别感兴趣，我想从你们这里了解一下行星能够有生命的历史有多长，大概是什么样的？如果行星比我们更长的话，文明会比我们更发达，是它们找我们，而不是我们找它们，是吧？有关这个方面的，想请教一下。

赖　东：所有行星的年龄都同太阳差不多，几十亿年，所以早期的时候，恒星是暖的，行星就形成了。好几十亿年的时间从生物学来讲是很长的，如果说条件合适的话，实际上在原则上应该形成生命。地球上的生命也是经过很多的事件而形成的。所以这还是一个复杂的问题，很难回答。

观众提问：你好，我想请问一下科学家，有没有办法回到过去啊？时间上。谢谢。

毛淑德：我可以回答，某种程度上我们回不到过去。但是我们天文学家一直在回到过去，我们看到越远的天体，我们就在看它的过去，因为它们从很遥远的天体发出来的光都是经过一段时间才到达我们，所以我们跟物理学家相比有一个优势，就是说我们真的是在看整个宇宙发展的历史。物理学家只能看到现在，所以这是我们的一个优势。

观众提问：你好，听了你们的介绍我很感动，我想问一个问题，光是一种电磁波，在引力场中不受力，为什么经过黑洞周围或者是太阳周围会发生弯曲?如果发生弯曲，表明光有惯性质量，有惯性质量的物体是加速不到光速的，因为需要的能量无穷大，如果说没有惯性质量，为什么会产生光压？如果光只有动质量，没有静质量，为什么别的地方没有出现动质量？动质量是什么样的概念？我觉得光不是一种物质，就是一种纯能量，能不能这样解释？谢谢。

赖　东：你刚刚讲的东西是牛顿的观念，牛顿认为所有的引力就是力，光子之所以弯曲，就是因为受了这个力。但是爱因斯坦发表了相对论以后，对于引力有不同的观点，不应该把引力当作一种力，而是一种弯曲的时空，如果有一个大的黑洞在这里，它旁边的时空就被弯曲。然后光子在这里走的话，因为必须在走一个弯曲的时空，所以如果从这种观念来想的话，就不需要质量的问题，而且这种概念非常精确。

观众提问：说到这里我想起一个问题，根据爱因斯坦的相对论，水星的轨道和牛顿定律有一个小小的偏差，只不过水星运行在弯曲的时空中，像在纸上面画一个圆，这个圆很圆，如果把纸弯曲，在地球的角度来看它的轨道会呈现偏差，为什么广义的相对论一定作用在水星轨道上，而不是弯曲的本身？我们可以得出一个结论，万有引力定律是能够适用的……

毛淑德：我打断一下，我们只有一秒钟了，我建议你学一学爱因斯坦的广义相对论，非常优美。现在来看爱因斯坦从很小尺度到很大尺度都是正确的，其他的理论，同时也能解释同样的观测数据，但是我想优美的程度和爱因斯坦的场方程比起来差很多。现在我们已经到时间了。谢谢各位。

毛淑德、季向东、赖东
2017 未来科学大奖颁奖典礼暨未来论坛年会·研讨会 2
2017 年 10 月 28 日

第三篇

在科幻中遇见科学

在人类整个科技史上，科幻和科学的发展总是互相交错。很多工程师、科学家小的时候都是科幻迷，他们长大了很有可能还是《星际迷航》《星球大战》《终结者》《黑客帝国》等科幻作品很重要的粉丝，他们也参与科幻的制作，所以科幻和人类科技活动有非常重要的关联。

黄晓庆 　达闼科技有限公司创始人兼CEO
　　　　　"千人计划"国家特聘专家

　　达闼科技有限公司创始人兼 CEO，国家首批"千人计划"专家，曾任中国移动通信研究院院长、美国 UTStarcom 公司高级副总裁兼首席技术官等职。创新性地提出了"网络即交换"的软交换理论，开发了世界第一套移动软交换系统与世界第一套运营商级流媒体交换及 IPTV 系统。提出了为运营商建设下一代移动互联网的网络、应用和终端三大基础设施的战略构想，推动 TD-LTE 成为 B3G 国际主流标准，提升了中国通信产业在国际上的话语权和影响力。2015 年初，创立了世界上第一个云端智能机器人的开发和运营企业——达闼科技。

从《星际迷航》到奇点临近
——在科幻中遇见科学

今天，我给大家准备了一些比较有娱乐性的节目，也是我作为工程师和科技工作者最想给大家共享的东西——科幻。我最喜欢的科幻作品是《星际迷航》（*Star Trek*），如果在座有《星际迷航》的粉丝，你们可再复习一下。《星际迷航》非常复杂，有好几百本书，我今天花半小时给大家讲得简单一点。

星际文明与《星际迷航》的起源

我们把外星文明和地球文明归类为智慧文明，智慧文明可以分为三个层面。第一级文明可以称为行星文明，智慧生命没有能力去到行星之外的地方，只能在它所居住的行星上获得资源。基本上我们地球人处在这样的文明，在星际文明里这叫原始社会。第二级文明我们定义为恒星文明，智慧生命可以在它所居住的恒星系里面，去到其他的行星，当然也有可能去到他们居住的星系内的恒星。也就是说，地球人可以去到火星上居住，或者殖民火星，到火星上挖矿，我们估计20年之内可以去到火星。很明显人类已经到了原始社会的末期，可能进入第二个时期，但是我估计要到太阳现在有点难。第三级文明叫星际文明，我们可以从所居住的行星去到别的星系中的行星，也就是说星际旅行。前不久有一部美国电影叫《星际穿越》（*Interstellar*），这部电影很流行，讲的是我们人类可以有第三级文明，在电影中是近200年以后的事情。

《星际穿越》中的飞船

　　科技对人类的影响确实很大，工程师则把科学家发现的真理变成现实，把科学家发现的现象变成我们人类可以享受的产品。从有记载的文明开始，人类社会在不断地发展，但是有了科学技术，我们才发现人类社会真的在发展。我们看联合国统计全世界的人口，可以看到有三个重要拐点，恰恰对应着人类三次重要革命：第一次工业革命，机器工业革命（1750—1850）；第二次工业革命，电气革命（1850—1950）；1950 年后进入第三次工业革命，也就是信息工业革命，我们现在还处在信息工业革命中。如果说每次工业革命是 100 年的话，那么 2050 年下一次工业革命是什么？可能是大家所知道的人工智能与机器人革命。

　　《星际迷航》的一切是怎么开始的？ 1966 年，有一位美国剧作家吉恩·罗登贝瑞（Gene Roddenberry）创作了《星际迷航》，讲述了一个人类向外星探索的非常伟大的故事。这个探索故事讲的是 200 年之后，人类组建了一个星际舰队，星际舰队探索宇宙，这成了《星际迷航》里原初系列的一集，这一集先播出来看卖不卖座，没想到一播播了十几年。《星际迷航》换了六个不同的剧集，基本上先后都结束了，现在没有一个在直播，都是过去的，但主题电影基本上每年出一部，今年又出了一部《超越星辰》（*Star Trek Beyond*）。

《星际迷航》里科幻与现实

2016 年是《星际迷航》50 周年。过去 50 年，《星际迷航》的旗舰一直在进步，有时候被击落了，重新造一个新的，新的更先进。我们一般把科幻分为两类：一类是硬科幻，硬科幻一般不会对科学原理进行完全的扭曲，它会把科学原理拉伸，但是不会拉坏；另一类是软科幻，软科幻有点不太照顾科学原理，凭想象力可以完全把它妖魔化，妖魔化的典型就是《星球大战》。《星球大战》不是特别科学的，是软科幻。不管硬科幻还是软科幻，对科学都有正面的影响。严格来说，我们更喜欢硬科幻，因为硬科幻可以预测未来。

《星际迷航》为什么是硬科幻？因为这里实际上有很多非常重要的创新技术。首先，在《星际迷航》里，未来人类用什么作为能源？用反物质。物理能是最简单的，能量是最少的，在这之上是化学能，化学能之上是原子能，原子能之上呢？是物质能。怎么实现物质能？反物质和正物质混在一起给你纯粹的能量，就是 $E=mc^2$，爱因斯坦的狭义相对论。未来能量来自于反物质，由于有了反物质强大的能量，未来人类旅行可以用一种全新的引擎。在强大能量的支持下，未来人类制造物质的方式也发生很大改变，可以完全用能量重造物质。未来，我们可以复制人体所有的器官。更重要的一点在于，未来人类很有可能已经不是一个简单的生物体，我们是电子生物和新材料组成的混合体，叫 Cyborg，也就是说电子（electronic）、机械（mechanic）和生物（biology）全部融合成的一个生物体。

《星际迷航》已经预测到全新技术的发展。在《星际迷航》里面有一个非常重要的娱乐方式，叫全息。未来我们在宇宙飞船里可能要过好几年的时间，你怎么能够忍受这种寂寞？所以我们发明全息方式让你去娱乐。一旦进入一个娱乐房间，你摸什么虚拟的东西都会给你一个正面的反馈，所以你会感觉自己是真的在场景里面。在《星际迷航》里就巧妙利用它拍出真真假假、虚虚实实的情节，很有娱乐性。

《星际迷航》里的全息技术

有一个非常有名的跟物理学有关系的悖论，叫做费米悖论。根据计算，我们的宇宙里面地球绝对不是孤立的，应该也不只有两个、三个，而是有很多个星球都可能产生智慧生命。我们的地球也不是最古老的，地球只有 45 亿年。也就是说，在我们之前完全可能有很多智慧生命在技术上获得很大的发展。为什么我们没有看见外星人？这是费米提出来的问题。《星际迷航》就回答了这个问题。它是怎么回答的？《星际迷航》有一个最高指导原则（prime directive），即任何太空船去到任何一个其他文明，都不可以介入、干涉或者接触当地的文明，除非当地的文明人获得了太空旅行的能力。也就是说，如果地球人没有掌握星际旅行的新科技（在《星际迷航》里面叫"曲速引擎"），外星人是不会到地球来找我们的。原因非常简单，根据过去的经验，只要发生这种情况，即外星人接触没有太空旅行能力的智慧生命的时候，就会破坏、中断他们正常发展的历程。假如说我们地球人相当于古代的人，还在互相厮杀，外星人有原子弹就给了他，这样会造成很大的问题。

《星际迷航》里面讲了特别多的外星文明，外星文明和地球文明发生了很多冲突、产生了很多故事。从某种意义上讲，对外星文明的一些探索，其实也在讲地球不同民族之间、不同国家之间应该怎么解决争端和利益冲突。《星际迷航》试图探讨未来人类社会所需要面临的一些社会问题——在科技的影响下，在星际文明的冲突之下，会产生什么样的社会问题。

这里面比较典型的是人类首次见到的外星人：瓦肯人。他们有一个典型的手势（中指与食指并拢，无名指与小指并拢，大拇指尽可能地张开），这个手势表示长生和繁荣（live long and prosper）。瓦肯人相见的时候，这个手势和人类握手是一样的意思。

瓦肯人的代表性手势

　　《星际迷航》有很多人物，我个人比较喜欢的，第一个是瓦肯人的代表，叫 Spock。还有一位长得很像地球人，叫 Seven of Nine，她是被 Borg 同化了的地球人。Borg 是一种在宇宙中到处游荡的外星人，非常极端，碰到不能接受的民族就灭掉，碰到还可以接受的民族就全部收了，转化成他们自己。Seven of Nine 作为地球人，被 Borg 吸收同化了。

　　还有一个，是《星际迷航》里面最著名的机器人，名字叫 Data。我们达闼科技的中文名就来源于此，Data 用汉语拼音的方式读出来就是达闼。Data 也有一个很重要的故事：他是在远离地球的外星上面，被一个姓宋的中国人在几百年以后发明的。这跟我们今天做机器人可能有点关系。

《星际迷航》里宋博士发明的机器人 Data

　　我们可以看到，《星际迷航》实际上推动了特别多的技术的发展，有两个故事可以讲一下。在 1966 年创作《星际迷航》的时候，他们就已经发明了一个通信机,这个通信机很像后来摩托罗拉的翻盖手机。翻盖手机可以说在《星际迷航》时代就已经发明了，摩托罗拉只是在后面把它实现了而已。第二个很有意思的是，20 世纪 60 年代的《星际迷航》里就采用了手持电脑，那个时候既没有苹果的 Newton（世界上第一款掌上电脑），也没有后来的笔记本电脑，但《星际迷航》里所有的未来人类都携带着一个像笔记本电脑一样的小 pad——实际上不是笔记本电脑，严格来说是平板电脑。你们可以知道科幻影响了后世很多新产品的开发。在现实中的机器人很多都有科幻的影子，比如说很著名的 HAL，是科幻作家阿瑟·克拉克笔下的计算机，它可以像人类一样讲话，帮我们解决问题。还有比如终结者、Wall-E，你会发现科幻电影对后世的启示实际上挺多的。

在人类整个科技史上，科幻和科学的发展总是互相交错。很多工程师、科学家小的时候都是科幻迷，他们长大了很有可能还是《星际迷航》《星球大战》《终结者》《黑客帝国》等科幻作品很重要的粉丝。他们也参与科幻的制作，比如说科幻电影《星际穿越》的首席科学家就是加州理工学院一位非常著名的物理学家 Kip Thorne，所以科幻和人类科技活动有非常重要的关联。

云端智能机器人——从科幻到现实

最后简单介绍一下我们做的一些工作，从中可以看到一点点科幻的影子。我们做的工作叫云端智能机器人，我们提出的观点是：在可见的未来，如果在电子技术上要实现智能机器人，很有可能只能把机器人的大脑放在云端，通过高性能移动通信技术连接到一个阿凡达的身上。为什么呢？因为运算成本太高，通信成本相对而言比较低。如果用通信成本来替换运算成本，我们就能做出经济、有效的机器人。

这里面牵涉到生物学和电子计算机科学上两个非常重要的支撑。第一个，我们知道人的大脑是非常复杂的机器，大概有 1000 亿个神经元，它们非常密切地联系在一起。这样的机器经过大自然很多年的进化，实际上非常有效率。我们大脑平均质量大概是 1500 克，耗电大概是 40 瓦。如果我们要用电子电路来实现完全一样的电路，它的质量可能要好几千吨，耗电可能几十兆瓦，也就是说相差 100 万倍。这样的大脑是完全没有办法放在机器人头上的。但是如果能做出这么一个大脑，它的速度要比人脑快。人脑的运行速度是很慢的，大概有 500 赫兹。我们做出电脑来，没有办法放在机器人的头上，可以把它放在云里，被 100 万个机器人共用。

第二个，我们人的身体实际上传信号传得很慢，因为人的身体不是用电子导电的。人的身体一到两米长，在这个距离内需要用 100 到 200 毫秒传递信号。如果用电磁波传信号，1000 千米的距离用 100 毫秒就可以传到。即使把机器人放在 1000 千米之外，数据中心能实现的性能跟人体是完全相等的。在这样的基础之上，我们可以做出新型的机器。过去几年，我们已经在计算机的人工智能技术上获得很大的突破，我们已经在 4G、5G、无线电的技术上获得很大的突破，我们在传感器、电池方面也获得了很大的突破。可能在未来 10 年、20 年，我们可以实现非常大的突破。在这样的突破边缘之下，我们用计算机来服务机器人，用一个完整的云网端架构来服务机器人，这就是云端智能机器人的服务平台。用这个服务平台我们就能逐渐接近《星际迷航》提出来的这种人工智能，接近 Data 这种有智能的、可能达到甚至超过人的智能的新型机器人。这样的目标可能是未来人类非常重要的一个里程碑，我们把这个里程碑叫做奇点——我们造出来的机器人的思维和智力达到或者超过了人类。这也许需要 20 年，也许需要 30 年，如果按照过去工业革命的时长，2050 年，奇点就应该发生了。

黄晓庆
理解未来第 22 期
2016 年 10 月 15 日

第四篇

解密引力波

2016 年初，LIGO 成功探测到"引力波"的事件成为各界热议的话题，这一物理学界历史性的发布，令百年前爱因斯坦广义相对论的世纪预言终得以"结案"。"引力波"究竟是什么？为什么经过半个世纪的搜寻才见其踪影？它与黑洞又有着怎样的关系？宇宙诞生之谜是否可以就此解开？

陈雁北

加州理工学院物理学教授
美国物理学会会士
LIGO 科学联盟核心成员
引力波论文作者之一

加州理工学院物理学教授、美国物理学会会士、LIGO 科学联盟核心成员、引力波论文作者之一。1999 年毕业于北京大学物理系。2003 年在 Kip Thorne 指导下从加州理工学院获得博士学位。2004 年到 2008 年在德国马普引力物理研究所（爱因斯坦研究所）担任科学工作者，获德国洪堡基金会颁发的 Sofja Kovalevskaya 奖资助，组建并领导青年科研团队。2007 年回加州理工学院任助理教授，2013 年升任教授。

时空震颤的涟漪

● 时空

　　介绍引力波，要从"时空"谈起。而时空这个概念，始于爱因斯坦在 1905 年所创立的狭义相对论。

　　早在 19 世纪中叶，科学家就已经发现，如果想让电磁场的理论应该适用于所有的惯性参照系，就会引发物理学的重大困难。这个困难的根源在于，不管在哪个参照系，电磁波在真空中的速度都是 30 万千米/秒。光是电磁波，所以不妨用光来举一个简单的例子。一个手电发出的光以 30 万千米/秒的速度传播。如果这个时候，有一辆汽车以 20 万千米/秒的速度沿着同一个方向运动，那么，在汽车看来，手电发出的光应该以多大的速度运动呢？是不是 30−20=10（万千米/秒）呢？如果我们把电磁场理论运用到汽车所在的惯性参照系，那么在汽车看来，手电所发出的光仍旧应该以 30 万千米/秒运动，而不是 10 万千米/秒！这是非常奇怪的现象，跟过去大家对速度的理解是完全矛盾的！

　　爱因斯坦想到的解法是：在研究物理的时候，要把时间和空间放在一起考虑，形成一个叫做"时空"的几何结构。爱因斯坦发现，用"时空"语言描述出的电磁场方程，相比以前把时间和空间分别考虑所写出的方程更优美，更具有对称性。这种用"时空"来描述物理的方式，叫做"狭义相对论"。狭义相对论可以很"自然"地解释为什么上面的汽车看到的光速还是 30 万千米/秒。

　　我们可以比较形象地描述一下时空的几何。如果我们在空间轴上刻了 30 万千米、60 万千米的刻度，而在时间轴上刻了 1 秒、2 秒的刻度，那么光线是穿过（0，0）、（30 万千米，1 秒）、（60 万千米，2 秒）这些点的直线。在时空中，从坐标原点 0 向未来发出的所有不同方向的光线扫出一个"光锥"。这个光锥具有一个特殊的物理意义：光锥内部是从坐标原点 0 按照有限速度可以到达的范围。光锥内部任何一点 A，不管我们在哪个参照系，都在 0 的未来。在光锥外面的世界是不一样的。比如在 60 万千米以外，距离现在 1 秒的事件 B，这个事件在现在的坐标系看来是"发生在坐标原点之后"。但是，对于坐在一辆速度非常快的汽车上的观察者来说，这个事件却可能是"发生在坐标原点之前"，这就是"同时"这个概念的相对性。

为了保证因果不颠倒，任何信息只能在光锥内部传播，因为这样在任何参照系看来，信息都是从过去到未来传播的。设想一下，如果信息可以从 0 传到 B，那么虽然在我们现在的参照系看来，信息从过去传播到未来，但是在某些参照系里面看来，信息是从未来传到过去的。

● 引力、弯曲的时空和广义相对论

牛顿的万有引力是不需要传播时间的所谓"超距作用"。直接把牛顿的万有引力用在狭义相对论的"时空"中，因果就会混乱。于是，爱因斯坦在 1905 年以后就开始思考怎么才能用时空的观点来研究引力。

爱因斯坦着重考虑到，引力是一个非常特殊的相互作用：不同物体在引力场中下落的加速度是一样的。引力的这个特点，是伽利略早在 17 世纪就意识到了的。物理学家把这个特点叫做"等效原理"。等效原理对于电磁理论是完全不适用的：不同的带电粒子在磁场中的加速度完全不同。

从等效原理出发，爱因斯坦认为，引力的效果是可以由弯曲的时空几何来实现的。笼统地说，把一个物体放在时空中，那么根据它的质量和密度，周围的时空就要被弯曲，而在这个时空中的运动，就会被这个弯曲度所影响。不同材质的物体都会感受到同样的几何结构，所以它们的引力加速度是一样的。下面我们用一个形象的例子来说明这个弯曲。

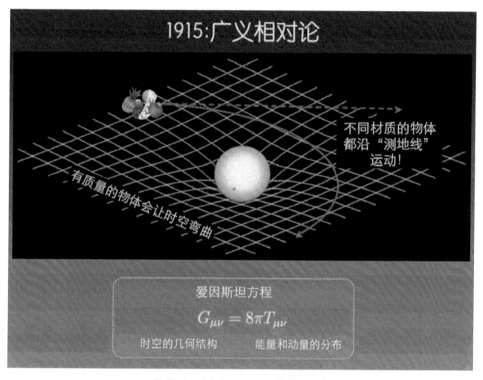

物体在引力作用下的曲线运动

上图中，我们用一个曲面来代表由一个物体所导致的时空弯曲。我们在这个曲面上画了一个网格。这些看起来是弯曲的线，反而是沿着这个曲面最接近于直线的一条线：如果我们凑近看，在局部看来，每一条线都是直的，这种线叫做测地线。如果让各种不同材质的物体都按测地线运动，就可以解释这些物体在引力作用下的曲线运动，并且可以解释它们的加速度为什么一样。

爱因斯坦在上面想法的基础上，建立了物质能量和动量分布对时空几何产生影响的方程。这个方程（图中的公式），现在被称为爱因斯坦方程，等式左边的量代表时空的几何结构，等式右边的量代表时空中的能量和动量的分布。

● 黑洞：时间停止的地方

1916 年，数学家发现了广义相对论的第一个"球对称"解，后来的物理学家发现，这个解描述了一个"黑洞"，并且又发现了对应于旋转黑洞的解。在数学上，黑洞是一个很简单的物体，它有一个球形或者椭球形的"视界"，把时空分成两部分：内部和外部。一个观测者只能从外部进入内部，而没法从内部逃脱到外部。

下面，我们把前面所谈到的光锥的概念用到黑洞的时空。在黑洞内部的任何一点，从它出发指向未来方向的光锥的所有部分都朝着黑洞中心走，所以它的未来完全在黑洞内部，而不可能到达黑洞外部。如果一个观测者刚好处在视界上，那么他的未来的边界和视界相切，于是他还是不能逃出视界。在视界外面，观测者的光锥会有一部分能到达黑洞内部，也有一部分会达到（即"逃脱"）无穷远。距离黑洞越来越远的观测者，他的未来区域里就有更多的部分可以逃脱到无穷远处。

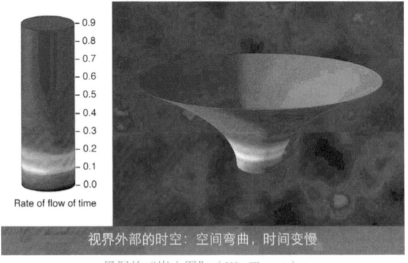

视界外部的时空：空间弯曲，时间变慢

黑洞的"嵌入图"（Kip Thorne）

黑洞还有另外一个性质，就是极端的"时间膨胀"。当地球上的旅行者从地球出发到达黑洞附近，当他再回到地球时就会发现地球人的时钟已经过了很长时间，而他自己的时钟只过了很短的时间。这就是"时间膨胀"的现象。越接近黑洞，膨胀就越厉害，而在黑洞的视界上，时间膨胀区域无穷，于是，时间是"完全停止"的。

物理学家会用嵌入图的方法表示黑洞。上图中的曲面可以类比成之前的网格曲面，只不过这是黑洞外面空间的弯曲的表示：离黑洞越近，弯曲的程度越高。在这个图上不同的颜色标志着时间流动的速度。在外面，时间流动是正常的。在黑洞的视界附近，时间流动是缓慢、逐渐停止的。

有一句富有哲理的话是这么说的："生命中只有时间是最公平的。"于是，在黑洞附近极度的时间膨胀，就给了科幻作家们一个十分独特的遐想空间。

可是，黑洞真的存在吗？其实，天文学家已经在银河系的不同部分，甚至在其他星系中，找到了黑洞存在的证据。

在银河中，距离地球 7800 光年的地方，有一个叫"天鹅座 X-1"的天体。天文学家根据观测，判断它是一个由蓝巨星和黑洞组成的二体系统。在这个系统里面，巨星的气体正在黑洞引力的作用下从巨星逃脱，逐渐沿着一个盘状的结构不断地落入黑洞。这个盘状结构，在天文学中叫做"吸积盘"。在下落过程中，气体在黑洞的引力下逐渐加速，吸积盘中的气体互相摩擦，被加热到 10 亿度以上，并且发出 X 射线。根据 X 射线观测，以及对这个系统的建模，天文学家推断，这个黑洞的质量是太阳的九倍左右。天文学上，质量是太阳的几倍到几十倍的黑洞被叫做"恒星质量黑洞"。

天文学家还观测到另外一种完全不一样的黑洞。通过测量星系中心的星体运转的速度，天文学家发现，在多数的星系中心，都存在着一个"超大质量黑洞"。从 1995 年以来，根据在银河系中心周围运动的星体的轨道，可以推算出银河系的中心有一个 400 万倍太阳质量的黑洞。

● 引力波：时空的涟漪

1916 年，爱因斯坦发现，他的方程在弱引力的情况下包含一类解，它们描述了随时间变化的引力在时空中以光速传播。这就是引力波。

引力波有些相似于水波。当水面的某一部分产生震荡，这个震荡会以水波的形式传播和扩散。当时空某一部分的几何产生震荡式的扭曲，这个扭曲也会以引力波的形式传播和扩散。

引力波引起距离的变化

波长

半波长以内，相距越远的物体，引力波引起的距离变化就越大！

引力波对物质的作用

引力波对物质的作用，也可以类比水波。在上面的图中，我们可以看到一些浮在水面上的船，它们彼此的距离在水波的半个波长以内。当各处的水面随着水波的传播，不断地高低震荡，这些船也会按一定的规律上下运动。在距离比较近的船之间，由水波引起的高度差就比较小，而距离比较远的船，由水波引起的高度差就比较大。

引力波也有类似的性质。当引力波经过的时候，两个自由下落的物体之间的距离会产生变化。如果两个物体的初始距离小于引力波波长的一半，那么它们之间距离变化和它们之间初始距离的比，大约是引力波的振幅 h。也就是说，距离为 L 的两个物体，在引力波入射时，它们的距离变化大约是 Lh。于是，在半个引力波波长以内（即当 L 小于半波长时），物体之间的原来的距离越远，引力波所导致的距离变化就越大。如果物体的初始距离大于半个引力波波长，那么引力波对它们之间距离的影响会比较复杂。

更具体地说，引力波是一种横波：它影响的是在和引力波传播方向垂直平面之内物体的距离，而沿着引力波方向的物体的距离是没有变化的。垂直于引力波传播方向的平面上的物体，它们之间的距离会按一定的样式变化，这个样式决定于引力波的"偏振"。

爱因斯坦在找到引力波的数学描述以后，发现它是非常非常微弱的，所以一度认为引力波不会有任何可观测的效果。就算是非常大质量或者非常高能量的物体进行剧烈的运动，所能产生的引力波振幅也往往是非常微小的。

举例来讲，氢弹的爆炸应该是一个释放巨大能量的过程。如果把历史上最大的一颗氢弹爆炸时产生的能量全部转化成动能，将这些动能用来产生引力波，可以发现，爆炸附近 1 米处的引力波振幅为 10^{-27}。也就是说，引力波导致距离的相对变化比例是 10^{-27}。

引力波在地面上难以产生的这个特点，并没有阻碍美国科学家韦伯在 20 世纪 60 年代进行的对宇宙中引力波的搜索。他采用的是所谓的共振法，用一个铝棒作为天线。如果有在天线固有频率附近的引力波经过，天线就会以较大的振幅进行机械振动。韦伯就是想通过检测这个共振来探测引力波。

韦伯宣布探测到了很多引力波的信号。但是，他的结果有两个问题:一是其他实验物理学家用类似灵敏度的仪器没有测到引力波信号,二是大家找不到这么高强度高发生率信号的天体物理根源。

于是,在一段时间以后,天体物理学界普遍认为韦伯的引力波探测没有成功。但是,韦伯还是开创了引力波探测这个领域。

● 引力波的发现

在 20 世纪 70 年代,Rainer Weiss 和 Robert Forward 分别独立地发明了用激光干涉测量引力波的方法。在激光干涉仪中,激光打到一个分束镜上后被分成两束,分别沿着两个臂传播很长距离以后,在远处的镜子上分别被反射,被打回到分束镜上。如果两个臂一样长,那么这两束被打回来的光会在分束镜上合成一束,并从入射口返回。但是,在引力波的影响下,镜子的位置会有所改变,两个臂长不再相等,两束返回的光在分束镜上的相位就会有所变化,导致原本没有光的另外一个出射口产生信号光。把信号光检测出来以后,便可以探测出引力波。

这种方法的好处是:第一,可以利用增加臂长的方法放大引力波的效果(引力波导致的镜子位移正比于臂长);第二,光学方法有利于实现对臂长的灵敏测量。

位于美国路易斯安那州利文斯顿的 LIGO 设施(LIGO Laboratory)

20 世纪 90 年代，美国国家科学基金会资助了世界上第一个大规模的引力波探测项目：LIGO。LIGO 有两个臂长均为 4 千米的探测器，一个在路易斯安那州的利文斯顿，另一个在华盛顿州的汉福德。在 2015 年第二代探测器投入使用的时候，其灵敏度，即对镜子位置变化的敏感度为 10^{-18} 米。头发丝的细度是 10^{-6} 米，降低到 1 万倍就相当于氢原子大小，是 10^{-10} 米，再降低 10 万倍，就相当于氢原子核的大小，是 10^{-15} 米。10^{-18} 米是氢原子核大小的 1/1000。

可以用光检测到这样灵敏的位移变化，还必须同时要保证没有其他可以导致大于 10^{-18} 米位移的干扰信号，这样才能形成灵敏度非常高的引力波探测装置。一个必要条件是将光干涉系统放在高真空里面，防止气体分子对激光传播有所影响并导致虚假信号。另外就是镜子要用非常复杂的悬挂系统悬挂起来，最大限度地隔离开地面的振动，并且也要尽量减小镜子热运动所产生的干扰。

2015 年 9 月 14 号，我们用这两个探测器分别发现了两个时间为 0.2 秒的引力波事件。从波形中可以分析出这个事件是由两个黑洞碰撞导致的，两个黑洞的质量分别是 36 倍和 29 倍的太阳质量，最后形成的黑洞是 62 倍的太阳质量。通过波振幅的大小可以推算出这个事件离地球的距离是 13 亿光年。通过这个波形，我们也对广义相对论的推论进行了初步检验。

● 引力波天文学的新时代

这次观测的数据只是 2015 年 9 月份到 2016 年 1 月份观测数据的一部分，还有很大一部分的数据仍有待处理，我们也期待着里面有更多的双黑洞碰撞事件。如果我们把仪器的灵敏度提高，就可以探测到宇宙中更远位置上的双黑洞，从而探测到更大的体积中所有双黑洞的碰撞。如果灵敏度提高 2 倍，观测体积就可以提高 8 倍。如果假定单位宇宙体积中，单位时间碰撞事件发生的概率是一定的，那么，单位时间内观测到双黑洞事件次数的期望值就会提高 8 倍。以这次事件为基准，假定 3 个月可以出现 1 次双黑洞事件。当我们进一步调试仪器，使其达到设计灵敏度的时候，这个灵敏度将是现在的 2.5 倍左右，那么平均每 10 天就可以观测到 1 次双黑洞碰撞。

科学家们也在着手设计下一代探测器，它可能比现在第二代探测器的灵敏度强 10 倍甚至更多。在未来，我们可以观测到很多双黑洞的碰撞事件，更精确地测量引力波信号，更精确地研究宇宙中黑洞的分布。引力波观测将成为物理和天文学研究的重要方法。

除了 LIGO 以外，世界上还有其他的探测器，如欧洲的 VIRGO 和 GEO 600 探测器，日本的 KaGRA 探测器（建造中），以及印度的 LIGO-India（筹备中）。全球观测网络的协同观测，不但可以更好地排除偶然噪声，更精确地对信号进行定位，而且会提高双黑洞观测的准确度和清晰度。

地面引力波探测还可以探测双黑洞的碰撞过程以外的天文事件，比如双中子星的碰撞过程。中子星也是很致密的星体，观测双中子星的碰撞，对我们理解中子星的结构，探索伽马射线暴的根源具有指导性的作用。另外，旋转的单个中子星，如果它不完全是球形，也会发出引力波。

LIGO 还可以探索宇宙弦，它是能量分布不均匀的脉动的一种弦状结构，是早期宇宙中有可能形成的一种"拓扑缺陷"。LIGO 还可以对宇宙大爆炸开始时产生的原初引力波背景进行探索。

除了地面的引力波探测，我们还在努力推动多波段引力波天文学的研究。比如，欧洲的爱因斯坦探测器（第三代的地面引力波探测器）可以覆盖 1 赫兹到 10 千赫兹的频段，探测到中子星和恒星质量黑洞碰撞的过程。计划中的空间引力波探测器可以探测到 0.1 毫赫兹到 1

赫兹之间的引力波，可以观测到星系中心超大质量黑洞碰撞的过程，这对于星系形成演化的研究非常重要。利用脉冲星定时的方式，可以探测更低频率的引力波，也可以探测超大质量黑洞并合的过程。最后，在微波背景上，也可以探测宇宙大爆炸时的引力波背景形成的遗迹。

● 总结

最后，我们来回顾一下这次的引力波发现：两个距离地球 13 亿光年的黑洞，其信号传播到了地球，信号引发的位移是 10^{-18} 米，信号长度只有 0.2 秒。作为引力波研究者，这些"天文数字"时时会出现在我的理论计算之中，已经习以为常了。但是，看到这些数字最终成为实验结果，我还是觉得难以置信和不可思议。引力波的发现，不但是对广义相对论和黑洞的直接验证，更开创了天文学观测的新手段。今后，引力波天文观测，会带我们逼近黑洞的边缘和宇宙的起点，并用新的方法探索宇宙中能量最高的天体物理过程。

陈雁北
理解未来第 13 期
2016 年 2 月 27 日

曹军威 | 清华大学信息技术研究院研究员
LIGO 科学合作组织核心成员
引力波论文作者之一

清华大学信息技术研究院研究员、清华信息科学与技术国家实验室（筹）
公共平台与技术部主任、LIGO 科学合作组织核心成员、引力波论文作者之一。
1991 年至 1998 年，清华大学自动化系本科、硕士毕业；2001 年英国华威
（Warwick）大学计算机博士毕业；2002 年至 2006 年先后在德国 NEC 欧洲
实验室和美国麻省理工学院（MIT）/LIGO 实验室任 Research Scientist；2006
年回清华工作至今，主要从事先进计算技术及其应用研究。

引力波探测的数据分析

今天我想结合我们参与的实际工作，简单介绍一下引力波探测的数据分析。

下面这张照片是我在 LIGO 的天文台控制室里面照的。大家可以看到，科学家实际上最后看到的信号是从数据分析系统中看到的。这里面显示的是一个在线的分析，这样的话天文台的实际情况，比如它的灵敏度曲线以及某些突发事件的信息，都会实时地反映在控制室里面，这叫在线的数据分析。另外还有离线的数据分析，我们需要大量的计算机、大量的存储，它们分布在全世界各个研究机构，让大家共享这些资源。

LIGO 天文台控制室

我们探测到的数据信号，实际上是非常清晰的信号。这个信号在数据分析里面要经历什么样的过程呢？这个引力波事件发生在 2015 年 9 月 14 日，第一个信号发生的时间是当日 5 点 51 分。信号发生 3 分钟以后，我们的在线程序流水线就探测到了它。这个流水线我们叫 Coherent WaveBurst，即 CWB 流水线。它可以很简单地在线监测信号的能量变化。如果两个天文台对信号的探测有一致性，我们就把这个事件作为"候选人"拿出来。

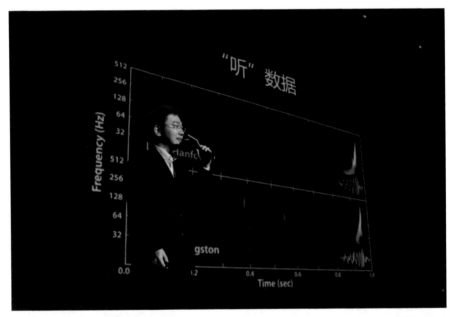

我们清华大学团队参与了 CWB 流水线工作，我们从计算机自动化的角度，采用 GPU 技术加速了 CWB 的运行效率。CWB 程序由很多部分组成，我们把其中能够加速且加速效果最好的部分拿出来，把它的运行效率提高 10 倍甚至更多。

CWB 是无模型的流水线，我们还有一个流水线叫 CBC 流水线，它拥有一些模型去比对这些数据。这次引力波事件在最后的分析里，它的信噪比达到 23 以上，它的标准西格玛值达到 5 以上，通常 5 以上就被认为是发现。无论是无模型的分析，还是有模型的分析，实际上最后都达到了这样的显示度。

这里面还涉及系统误差方法的工作,我们对背景计算是否包括信号进行了讨论。我们没有其他的数据,只能把可以拿到的一个月的数据去做背景,然后将这个信号跟背景对比后观察是一种什么样的关系,这是一种计算方法。另一种是我们把信号放在背景里面做出一个背景。这样两种背景不同的计算方式,对于我们判断引力波信号起到了不同的作用。还好在这次发现里,无论采用哪种方法,这个信号都非常突出。

我们还与西澳大利亚大学合作,用 GPU 的方法把有模型的比对流水线也进行了加速。这个流水线在线的时候没有看到信号,原因是它在线时正在搜索更小质量的双星系统。后来,他们离线处理这个数据,验证了信号的信噪比确实非常突出。我们用 GPU 加速的流水线,其处理速度提高了 50 多倍,目前为止能够提高到 120 多倍。

现在,我们仪器的灵敏度达到了一定程度,能够探测到引力波信号。实际上在很长一段时间内,我们的探测器探测不到引力波信号,这时候数据分析做了一项什么样的工作呢?就是在分析噪声,这些噪声的来源在哪儿,比如飞机飞过、火车开过,它们都有可能影响探测器的动作。通过对噪声的分析,可以提高仪器的灵敏度。

在这里,我们采用了计算机里边人工智能的方法来进行噪声分析。我们分析各个不同频段、不同信道数据之间的关联程度,用这些关联信道的事件来否定引力波信道的一些事件。如果一个信道跟引力波信道关联性特别强,就说明这个信号可能不是引力波信号,而是由关联信道的干扰导致的。这里边涉及大量的数据比对和关联分析,这种关联可能不是一个信道和另一个信道之间的关联,而是很多环境信道跟引力波信道的关联。计算机处理这种关联关系非常有优势。这是我们撇开天文物理,依托自己的学科背景,从数据出发做数据得到的研究结果。

　　我们也参与到了整个引力波数据的计算平台工作。引力波数据量虽然没有高能物理那么大，但也是拍字节的量级。在 LIGO 的合作组织里面，有各个站点的集群计算机，有几万个 CPU，还有大量的数据分散在各个地方，全世界有几百名科学家需要访问这些数据。此外，全球网络在未来也是非常重要的，它可以提高探测的精度和定位的精度。比如说，如果澳大利亚有引力波天文台，我们的探测精度就可以大幅提升。

　　这次引力波的发现，我们非常有幸能够参与其中，也非常自豪有机会见证这样一个历史时刻。

曹军威

理解未来第 13 期

2016 年 2 月 27 日

科学·对话

|对话主持人|

丁　洪　中国科学院物理研究所研究员、北京凝聚态物理研究中心首
　　　　　席科学家、未来科学大奖科学委员会委员
张双南　中国科学院高能物理研究所研究员、中国科学院粒子天体物
　　　　　理重点实验室主任

|对话嘉宾|

曹军威　清华大学信息技术研究院研究员、LIGO 科学合作组织核心
　　　　　成员、引力波论文作者之一
陈雁北　加州理工学院物理学教授、美国物理学会会士、LIGO 科学
　　　　　联盟核心成员、引力波论文作者之一
朱宗宏　北京师范大学天文系教授、系主任

张双南：非常高兴有机会和丁洪教授共同来主持今天的对话环节。我先问朱宗宏教授一个问题，我们知道北师大天文系、物理学系都是我们国家引力物理研究非常重要的基地，LIGO 的军功章上也有北师大的一份。请朱教授非常简要地给我们介绍一下。

朱宗宏：谢谢双南教授。首先祝贺这样一个伟大的成就，实际上应该是祝贺我们每一个人，为什么呢？如果我们把自己当成地球人的话，这实际上是人类第一次听到时空的震颤。LIGO 的成就，我把它总结成三个方面。第一个方面是科学的巨大突破，直接发现、探测到引力波，直接探测到黑洞的碰撞。第二个方面是技术方面的跨越和进步。如果用学科的分布来讲，包括光学一大块，电子学一大块，机械学一大块，它们的交叉，以及控制干涉仪的控制部分。技术上的突破还表现在庞大、高效的组织管理。LIGO 还有一项特别伟大的成就在新闻传播方向。我希望大家会喜欢我的一种说法，叫做 LIGO 范式。如同双黑洞并合产生引力波的过程分为三个阶段一样，LIGO 宣传也分为三个阶段：第一阶段是谣言阶段，只在他们内部传播，但是大家想一想那么多人，谣言保得了密吗？所以他们在广泛地传播着；第二阶段是他们公布要在 2 月 11 号开新闻发布会，大家就开始聚焦；第三阶段是开了发布会，这个爆炸性新闻在国内不断发酵、不断增长。这就是 LIGO 宣传的范式，恰如黑洞并合也分为旋进、并合和铃宕三个阶段。北京师范大学毕业生中有 6 位 LIGO 成员（其中 3 位是发现引力波文章作者），分别活跃在不同国家，对此我非常自豪！

陈雁北：中国的媒体是很发达的，在很多方面比美国媒体发达。而且我觉得中国人对科学的热情可能超过了一般的美国人，这个事传得这么快有它的必然性。

丁　洪：我的问题跟材料科学有关。引力波跟声波我觉得好像有一点类似性，声波就是我们用一个东西敲一下这个物体，它的自身就有振荡，这个振荡可以传播。引力波是敲一下这个宇宙，这个宇宙敲了时空，整个时空就振荡，然后传播。那是不是我们可以把宇宙也看作一块材料，是不是能这样看？

陈雁北：我觉得声波有一个特点，它是需要介质的。引力波本身在广义相对论中，原则上是不需要介质的，它只是时空结构的传播，所以它的传播速度是光速。在这个层次上，它跟声波是有很大区别的。但是最近这些年，大家反思到底什么是引力？引力的本质是什么？有很多科学家提出了新的概念：时空有一些介质、有一些背景，所产生的表象是时空几何，引力波也可能是有介质传播的。那么这个问题怎么办呢？我个人认为，可以通过引力波的测量来回答，如果这个引力是在介质中传播的，那么两个黑洞碰撞的时候，这个介质本身可能会跟没有介质的时候有些不一样的行为。通过引力波的测量，更精确地测量波的传播、黑洞的碰撞，甚至精确地测量原初引力波，可以最终回答丁老师的问题。

丁　洪：引力波跟光波有什么相同之处？有什么不同之处？为什

么光波我们这么容易探测，而引力波又是这么难探测到？

陈雁北：相同之处，是在数学上的描述很类似。在方程上，它的相似度就是都以光速传播，有偏振。最大的不同是引力是由质量和能量产生的，而光波是由电荷的运动产生的，咱们自然界存在的电荷就是夸克或者电子这些东西，如果给你两个夸克或者两个电子，它们之间的电磁力会远远大于引力。日常生活中碰到的电磁作用远远强于引力。但是它为什么这么弱呢？这就涉及引力的根源。当代物理学没有办法给出特别好的解释，这也是研究的一个非常重要的方向。

张双南：我知道曹老师不是做物理的，也不是做天文的，是中国唯一一个加入 LIGO 团队的做 IT 的。我想问当时是什么样的情怀、什么样的动机，使您带领团队加入 LIGO 项目？

曹军威：机缘巧合吧。可能最大的原因是 2004 年到 2006 年我曾在 LIGO 实验室工作过两年多的时间，了解到这个工作的意义，觉得这件事好像还挺有趣。而且我当时也了解到，像 LIGO 科学合作组织的运作模式，我不一定非得待在 MIT 才能做这件事，所以当时就想我如果能回国，有一个团队再反过来加入，是可以做更多事情的途径。至于动机，是本人的好奇心和兴趣。另外，在我的概念里，很少会想到物理界、天文界，我觉得那些都是人为的定义。我觉得这个事情有意思、有意义，自己有这个条件，我可能就会坚持做下去。

张双南：很多人问中国的引力波未来发展，从一个纯学者的角度考虑，走什么样的路会比较好？

朱宗宏：1865 年麦克斯韦预言了电磁波，22 年以后赫兹在实验室证实了其存在，100 多年来它改变了人类的方方面面。1916 年爱因斯坦预言引力波存在，正好 100 年后科学家探测到了引力波。引力波最终将怎样影响科学和人类的生活，我们目前还不完全清楚。电磁波可以从很低的频段到很高的频段，引力波实际上也是这样。引力波项目也是一个天文项目，因为主要目标是用它来观测宇宙。我们每次用新的电磁波波段去看宇宙时，都会有不一样的发现，引力波作为全新的窗口，一定会有更多的发现。现在引力波干涉仪公布的结果，还不是给我们最大的惊喜，因为引力波和黑洞我们理论上早已经知道了，也许能发现一些东西是我们完全不知道的。引力波探测在中国也应该是在每一个波段都有，因为将来做天文观测，如果没有就相当于你完全不要这样一个认识宇宙的窗口了。重要的是，开展引力波这个项目，要总结我们自己究竟在哪些方面做了什么、有什么优势、在哪些方面要跟上。我的一个感受就是，要是在将来几十年之内，对于观测宇宙的引力波窗口，如果我们一直都没有设备、得不到数据，那将是一件很痛苦的事情。

丁　洪：我们知道电磁波的量子化就是光子，引力波的量子化就是引力子。既然探测到引力波，什么时候我们可以探测到引力子？引力子怎么探测？

陈雁北：我也考虑过这个问题。其实最焦点的问题就是，引力的量子化到底是怎么回事？由中科院高能物理研究所主导的"阿里实验计划"，就可以直接对量子引力做探索。这次 LIGO 观测的情况，从一个侧面也有可能来探索量子引力——探测广义相对论在黑洞碰撞期间是不是很准确，如果有任何偏差的话，也可能给引力量子化提供一点证据。还有用精密测量的方法，把两个物体准备到一个量子态的状态，考察两个量子态上的宏观物体之间的引力作用，也可以从一个侧面来检验引力是不是量子化了。这三个方面，我认为最有希望的还是"阿里实验计划"；第二有希望的就是在空间中放两个宏观的量子物体，看它们之间的引力作用；第三个有可能的就是从 LIGO 里看出跟广义相对论的区别。

张双南：最后一个问题，很多人问引力波到底有什么用？也有人说引力波发展过程当中，还搞出来一些技术，技术挺有用的，这样的话直接搞这个技术不就完了吗？干吗要这么弄？到底为什么这么去折腾呢？

陈雁北：发展技术最多的投入肯定是跟需求相关的投入，这些公司本身就会投入，他知道哪些东西有用就会投入。

张双南：引力波确实跟咱们生活没啥关系，是吧？

陈雁北：我承认。通过这种科学研究要求很高的精度的测量发展出的技术，和你从需求出发发展出的技术是不一样的。这些技术很可能是你以前想不到可以发展出来的，所以这是另外一种发展技术的渠道。实际上，如果你把社会对技术的投入拿来做一个比较的话，基础科学的投入是非常小的一部分，用一小部分的投入来刺激一些意想不到的技术的发展。

曹军威：我觉得这是作为一个国家、一个集体，对基础科学的需求吧。

陈雁北：我还要谈一点，在推动引力波探测的时候，其实还培养出了很多人才，这些人才不一定继续做引力波的科研，很多人都进入到了一些高科技行业。我举个例子，我有个学生，做广义相对论对黑洞的模拟，他毕业以后去了一个公司，是在一根管子里放火车，做磁悬浮，他去了那个公司做工程师。这些公司是高科技的公司，需要的人是做过有探索性质的科研工作的人，因为他们觉得这种人是用非常难的问题训练出来的，素质比较高。这种人才进入高科技行业以后，也是对技术的一种推动。在科研中做的题目，和在工业界中直接做的题目是不一样的，我觉得这也培养出了很多有特质的人才。

丁洪、张双南、曹军威、陈雁北、朱宗宏
理解未来第 13 期
2016 年 2 月 27 日

第五篇

探索神秘的系外

天文学家们为何要搜寻系外行星和生命以及如何寻找或许是我们最关心的问题。在很多人看来，天文学的研究或许注定是一个孤独的旅程，不知道研究方法是否正确，不知道要花费多少时间，甚至不知道最后能不能找到答案。但他们却很享受这样的纯粹和辽阔。

毛淑德 | 清华大学天体物理中心主任
未来科学大奖科学委员会委员

系外行星和系外生命搜寻

今天非常高兴未来论坛给我这个机会，向大家汇报一下系外行星和系外生命天文学的前沿学科。非常感谢各位在严重雾霾天听"蓝天白云"的报告，说明中国科学真的有希望。

天文学可以说是最古老的自然学科。原因也不难理解，因为所有人都会在晚上天空晴朗的时候仰望星空，都会想星星为什么眨眼睛？星星从哪里来？宇宙里有没有像我们这样的生命？宇宙的大小和年纪是多少？有时候天文学考虑行星起源和宇宙起源这样的问题。天文学家对很多问题都有初步甚至非常精确的回答。

在这方面中国古人做了很多贡献，我们曾经有过非常辉煌的中国古代天文。比如说长沙马王堆出土的西汉帛书，上面有非常生动的彗星记录，有 29 个彗星记录，大概 19 种彗星，每一个的形状都有点不同。《宋会要》中记载了 1054 年一个超新星的爆发："初，至和元年五月，晨出东方，守天关。昼见如太白，芒角四出，色赤白，凡见二十三日。"不仅描述了时间，而且描写了颜色。中国在古代的天文历法和仪器上也曾经在世界上领先，比如元代郭守敬 1276 年发明的简仪可以说领先世界其他国家 300 多年。但是，现代望远镜的发明使中国的天文大大落后。现在在通用望远镜上，中国最大的望远镜在丽江，直径 2.4 米，而世界上最大的望远镜是 KECK 望远镜，高度是 30.8 米，大概有 10 层楼这么高，相比之下我们的尺度就非常小。而且这两台望远镜都属于加州大学和加州理工学院，两个大学就拥有两台 10 米级望远镜，而整个中国只有一台 2.4 米的通用望远镜。所以我对我的同事说，我们看到的天空是肤浅的，而国际天文学家因为有强大的望远镜，看到的星空比我们深奥，比我们深远。

我们有这样大的望远镜现在能做什么东西呢？可以说，400 多年前望远镜的发现使自然科学有了革命性的变化。现在我们有 10 米级大望远镜和超级计算机，还有理论上的突破，使天文学处于急剧变化的时代。在这个时代，我们希望有三个方向的突破。第一，暗能量。暗能量的本质我们不太清楚，对于它的本质的理解可能孕育着新物理。第二，我们为什么要走出地球研究星空？理由非常简单：宇宙当中有非常多的天体，给我们提供了很多极端的条件，如极端的能量、极端的温度、极端的磁场和极端的压力，有没有新物理是天文学家和物理学家非常感兴趣的问题。第三，就是 20 多年前天文学家发现第一个系外行星，到现在（2015 年 12 月 25 号）为止发现 2000 多颗系外行星，这使对宇宙生命的讨论走出了科幻的影子，使我们重新审视人类与宇宙的关系。今天我就主要讨论一下这个问题。

下图是我们美丽的家园太阳系。从水星、金星、地球，到最远的海王星。行星各种各样，颜色各有不同。太阳到地球的距离大概需要 8 光分，这是一个非常基本的天文单位，我们称之为一个 AU。我们为什么要寻找系外行星系统？首先，我们想要知道太阳系是怎么形成的。为什么要通过行星系统来理解呢？就像人口普查一样，通过统计的性质更容易理解太阳系的普适性和独特性，这样可以避免天文学家研究某一个细节问题钻牛角尖。第二个方面，我们想知道我们在宇宙当中是孤独的吗？我们是唯一的生命吗？美国天文学家 Frank Drake 在 1961 年就对这个问题考虑了很多，他写下了非常著名的方程，叫 Drake 方程。他预言了银河系里具有智慧的、可以与我们交流的生命的数目，把这个写成了七项的乘积。

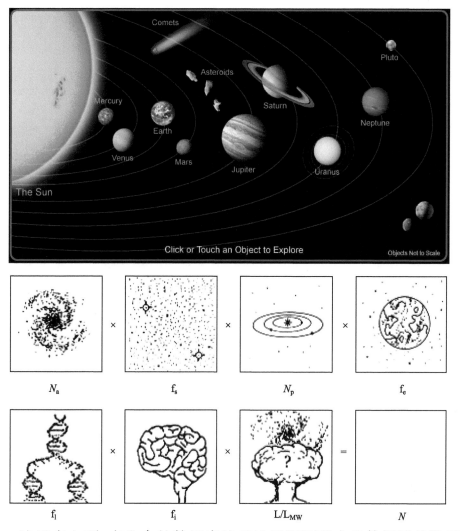

这里有七项。有生命的数目当然正比于银河系内整体恒星的数目。我们现在知道得比较清楚，银河系大概有 1000 亿颗恒星。第二项是每颗恒星有系外行星的比例，我们知道这个大概在 1/4。第三项是在这样的系外行星里面适合生命存在的行星数目有多少。我们现在知道是 10% 左右，当然有一定的不确定性。第四项，生命真正出现的概率。在地球上，生命该出现很快就出现了，这说明生命出现的概率可能相当高，我们猜是 1/2 左右。第五项，系外生命具有智慧的比例。如果所有生命都是像细菌一样的东西，那么我们不是太感兴趣，我们更感兴趣的是具有智慧的生命的比例。第六项，我们希望系外生命拥有非常高的技术，能够跟我们交流。最后一项，拥有技术的时间占它整个寿命的比例。我们知道其实地球上技术的出现大概是几百年的历史，而且各种各样的迹象，从今天的雾霾到核弹，表明我们很快可能就自我毁灭。虽然拥有技术，但是拥有技术的时间在整个寿命里占的比例也可能非常小。我们希望人类能够摆脱现有的很多困难，永远生存下去，这个拥有技术的时间占整个寿命的比例也有很大的不确定性。智慧生命数目由七项相乘而得。乘起来之后，得到一个数字，悲观的人得到的是 0.01 个，乐观的人得到的是 1 亿个，这里差 100 亿倍，所以我们什么都不知道。有一个专家说了一句非常有名的话，说这个方程是 "a wonderful way to organize our ignorance"，就是这个方程是展示我们无知的非常完美的方程。在科学上，前三项属于科学的范畴，最后三项有很大的不确定性，现在从某种意义上来说还属于科幻的范畴。我们主要讲前几项，最后讲一下后面具有科幻色彩的几项，做一些猜想甚至臆想。

现在的天文学家搜寻系外行星的方法有七种，这里列的是发现数目最多的四种：视向速度法、凌星法、微引力透镜法和直接成像法。到上星期为止，这七种方法发现系外行星 2000 多颗，而且数目一直在增加。下面我就简单介绍一下这四种主要的方法。

第一种方法——视向速度法。其实非常简单，就是中间有一颗恒星，外面有一颗系外行星。恒星和系外行星绕着质心在动，就是说系外行星在运动的时候，也会带动着恒星在动。行星的微小扰动，也使恒星有一个周期性的运动。如果是木星的扰动，这个运动速度大概是 13 米/秒。地球质量的话，是 9 厘米/秒，是非常小的运动，天文学家找这个东西找了很久。1995 年，在一个像太阳一样的恒星边上找到了第一颗系外行星，下图就是它发现的速度随着时间的变化，一个周期连一个周期。当时发现的时候，在《自然》杂志上发表，很多天文学家表示了强烈的怀疑。为什么呢？

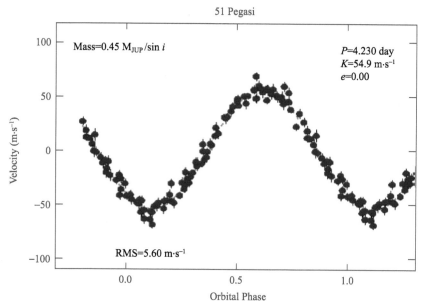

可以仔细看这个图，第一，周期非常短，只有 4 天左右，周期比地球的一年（365 天）短了很多。第二，我们可以看到速度幅度是−50米/秒到 50 米/秒，它的速度幅度远远超出天文学家的猜想，这个行星的发现比我们想象的容易得多，所以当时引起很多天文学家的质疑。现在我们发现许多系外行星的周期和地球绕太阳的周期很不一样，有些甚至短到 0.5 天，就是 12 小时绕着中间的恒星转一圈。离我们几百光年的恒星，我们现在可以探测到的最小的速度变化是 30 厘米/秒。这么缓慢的速度我们地球上可以探测到周期性的变化，这是非常不容易的，对于测量的精度和稳定性都提出前所未有的挑战。对于这种方法我们可以利用开普勒定律测量出系外行星的质量，这是这一方法的优势。

第二种方法——凌星法，这是到目前为止发现系外行星最多的一种方法，原理也很简单。像日食和月食一样，系外行星通过恒星表面的时候，就会使恒星的光度有微小的变化。木星引起的变化是百分之一左右，地球引起的变化是万分之一左右。要探测这么微小的变化对望远镜的精度提出了很高的要求。这个方法的好处是可以从光度的变化测量出系外行星的大小。也就是说跟背景恒星的相对大小，可以通过光度变化测量出来，从而测出系外行星的半径。小型望远镜可以做，下图是8个11厘米的望远镜的系统，用凌星法来探测系外行星。用这种阵列找到系外行星的数目，非常惭愧地说，比中国天文学界找到的系外行星还要多。不是投入的多少问题，而是有没有比较前瞻的想法。当然，如果资金充足，可以像NASA一样把卫星送到地球外面。开普勒望远镜就是盯着一个天区在看，同时监测。这个天区里面有15万颗亮星，但是在太空里因为没有大气的抖动，测量的精度是十万分之四，比地球上高了至少几十倍。因为非常高的精度，到现在已经发现4700多个候选体，有1000多颗行星是用这个方法发现并通过其他方法来确认的。这是发现系外行星最多的方法。

第三种方法也是通过引力的作用。这是我当时提出的一种方法，其实也非常简单，是一种微引力透镜的方法。假设背景有一个恒星，我们在地球上，中间有一个天体，比如一个恒星或黑洞，从这个视线经过的时候，黑洞或其他任何恒星天体都会对背景的光形成引力聚焦，因为有强大的引力场，使光线聚焦，聚焦以后背景的恒星就变亮了。然后这个物体从视线中间移走的时候，又回到了原来的亮度。我们把它的光度、亮度随时间的变化画出来的话，会发现是一个具有对称性的光变曲线，而且这个光变曲线的时标大概是一个月。这对人类研究这种现象是非常有利的，不是太短也不是太长。但你也许会说：我在晚上也看星星，怎么没有看到亮星变化？原因很简单，概率非常小，百万分之一，发现这样的微引力透镜事件有点像大海捞针。其实这个原理爱因斯坦在 1936年拉小提琴的业余时间里已经写出了文章，而且在《科学》杂志发表。他说了这两句话，一个是观察到这种现象的可能性非常小，另外一个是这个工作没有什么价值。后来我们发现爱因斯坦远远低估了这篇文章的重要性。原因是什么呢？现代大型计算机的出现使大数据中搜寻罕见事例的可能性大大增加，现在用这种方法已经发现了 20000 多个微引力透镜事件，而且绝大多数都在实时发现。每年 3 月份到 10 月份，到网站上去看，都有这样的事件在发生。如果你自己家里有小望远镜的话，可以去跟踪那些足够"亮"的事件，而且用这种方法可以发现系外行星。这是 1991 年我跟着我的导师 Paczynski 做学生的时候想出来的。如果在中间主星边上加上一个小的行星，小的行星也会有自己微小的引力聚焦，它也会在光变曲线上产生非常微小的扰动。

下图是观测到的一个事件，这是主要的变化，可以看到突然出现小峰，这个小峰就是因为主星边上系外行星的作用。后来发现这个行星质量大概是 5 倍地球质量，是当时发现的系外行星里面质量最小的。这个方法也有问题，你仔细看光变曲线中的小峰是在 9.5 天和 10.5 天，光线扰动持续时标只有 1 天左右，所以要探测到这样的扰动就要 24 小时跟踪，在不同经度设立望远镜。现在在中国的经度缺一些望远镜，我们跟美国天文台也在谈合作，准备在西藏的阿里造两个 1 米的望远镜，可以填补这个经度的空白。用这种方法已经发现了 43 个系外行星，10 年之后美国 NASA 也会发射 WFIRST 卫星，用这种方法来发现系外行星。这个卫星投入 16 亿美元左右，在 2025 年左右发射。这个方法以后会有很大的发展。

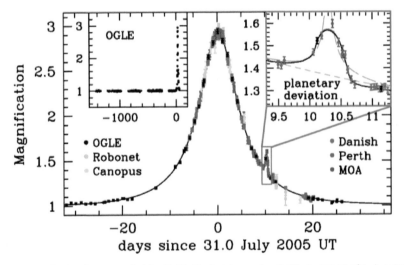

最后一个方法——直接成像的方法。大多数人还是喜欢用眼睛看见系外行星，因为眼见为实，但这里面有两个很大的问题。第一个是对比度的问题。要想看到萤火虫，在黑暗的天空中是很容易的，但如果在很强的探照灯附近找萤火虫是很困难的，因为有很强的对比度。下图是我们看到的太阳的光谱和地球的光谱的比较，纵轴是能量，横轴是波长。在 1 微米，也就是基本接近可见光的地方，对比度大概在 100 亿倍。即使到了中红外，大概是 10 微米，这个对比度还在 100 万倍，对比度还是很大的。在很亮的天体边上看很暗的系外行星是很困难的。第二个困难是由大气的抖动造成的。我们知道星星眨眼，因为大气层不稳定，一直在抖动。恒星的光线到达我们的望远镜的光度

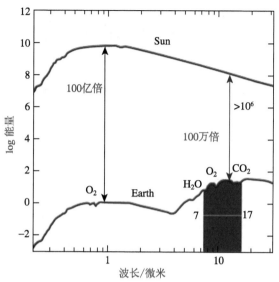

一直在变，可以看到星象一直在变化。要看非常暗的东西，而且这个暗的东西还一直在晃动，你想想看这个难度有多大。但是，天文学家已经克服了这些困难，用这种方法发现了很多系外行星。原理很简单，就是用星冕仪，用一块很小的东西挡住主星的光芒，在暗的地方就可以发现系外行星。下图中是用这种方法发现的一颗系外行星，把中间主星的光挡住了，就可以发现三颗系外行星，其实还有第四颗系外行星在这个图里面没有表现出来。用这个方法已经发现了 60 多颗系外行星。用这种方法发现系外行星有什么特点呢？下图是天文学家经常用的，就是系外行星在质量还有轨道半径上面的分布。

一个天文单位，就是我刚才介绍过的 8 光分左右。地球的位置是 1 个天文单位，1 个地球质量。木星是 5 个天文单位，300 倍地球质量。所有直接成像发现的系外行星都在这个地方，轨道半径非常长，100 个天文单位，不同系外行星的周期 4 年到几百年不定。因此我们用这种方法发现的系外行星都是距离比较远、周期长、质量比较大的类木行星。所以每一种方法都有自己的优点和缺陷。

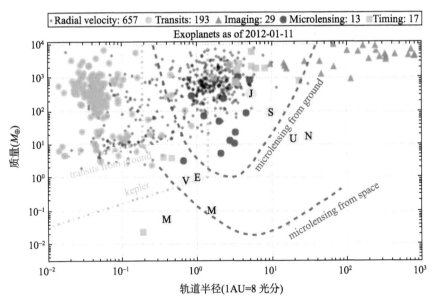

我们到现在为止发现的很多系外行星统计的性质非常有意思。下图是刚才大家看过的,质量和轨道半径上发现的系外行星的分布。距

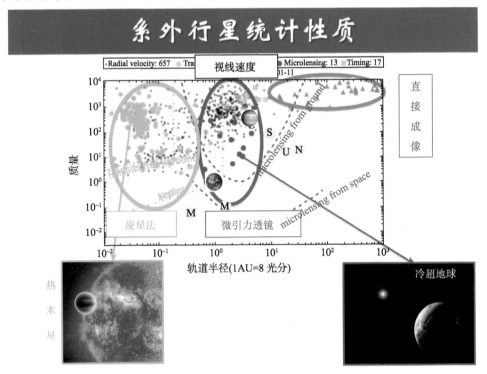

离都比较近，这也很好理解，距离比较近挡住背景的恒星的可能性就大。还可以发现很多系外行星质量都比较大，半径也比较大，遮挡概率就比较大，也可以慢慢发现有些系外行星质量接近地球。红点是用微引力透镜发现的系外行星，数目不是很多，但跟地球位置相对比较接近。有一个非常有意思的问题，这些比较靠近的系外行星，因为接受背景恒星的光度比较大，如果把平衡温度算出来就会发现，靠得很近的系外行星温度非常高，有上千摄氏度，质量也非常大，很多是所谓的热木星，人在这样的系外行星是不可能生存的，早就被烧死了。有些距离比较远，平衡温度是一两百摄氏度，非常冰冷，可能是岩石造成的系外行星，我们叫冷超地球。不同方法发现的系外行星，性质和选择效应都是不一样的，各种方法是互补的。通过样本的统计描述，我们才能得到整个系外行星的统计性质。

还有一些统计性质，我们也发现了在两个太阳的边上有系外行星的存在，这说明中国古人说的后羿射日，有 10 个太阳，还是有相当的预见性的。我们也可以把系外行星在轨道椭率和周期的图上描述出来。我们知道，在太阳系里，几乎所有行星轨道都接近于圆周运动，椭率都接近零左右。我们发现很多系外行星椭率是非常高的，跟太阳系里面的行星很不一样，这说明我们发现的系外行星跟太阳系有很相似的地方，但是我们太阳系在某些地方具有独特性。为什么会有这么多椭的轨道呢？椭率基本上等于 1，非常高，基本上沿径向运动，怎么会产生呢？很可能是动力学的过程。另外，我们还可以通过对系外行星的观测，发现它的公转和恒星的自转相反，很可能是碰撞的结果。所以说系外行星的形成有很多动力学的性质在里面。还有一个非常有意思的，就是刚才我提到用凌星法可以测出系外行星的半径，用视线速度的方法还可以测出系外行星的质量。我们把系外行星这两个重要性质画在一张图上，纵轴是行星半径与地球半径之比，横轴是系外行星质量与地球质量之比，1 代表地球的位置。这些红色的点是我们发现的系外行星，图中的理论曲线表示系外行星有由铁构成的，有由岩石构成的，还有由水和海洋世界构成的；质量随着半径变化的这条线，如果是有氢的包层的话，是最上面这一条曲线。可以发现，首先太阳系里的行星（绿色的三角形）在这些点是没有什么特殊性的，在我们观测到的系外行星的中间。这些系外行星，所谓10倍左右地球质量的系外行星，内部的结构可能更接近中间有岩石的组成。而在这一位置很多质量跟木星接近，甚至超过木星的时候，它跟中间有铁核，铁核外面是硅酸盐，最外面是氢包层的这种模型更接近。

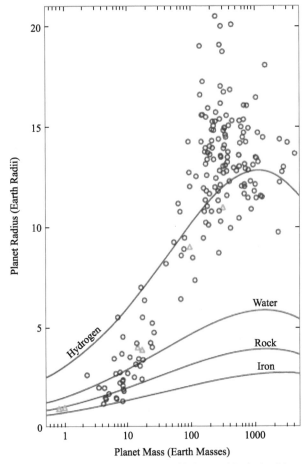

在木星质量左右的时候，有些系外行星的半径是20倍地球半径

大小，是我们观测到的木星的大小的两倍。这个是怎么产生的呢？这里面的物理非常有意思，因为这些系外行星离主星非常近，从主星收到的能量非常大，使大气蒸发之后形成很大的包层，它的半径就是因为这些能量的注入被膨胀。这个图里面有很多非常有意思的行星的物理。

我们还发现大概 30% 的行星是处在多行星系统里面，而且有些行星共振，里面轨道转两圈时，外边行星转一圈，周期刚好是 2:1。这样的共振在太阳系发现很多，比如海王星和冥王星是 2:3，木星有很多卫星——木卫一、木卫二、木卫三，周期比是 1:2:4，这个是大数学家拉普拉斯发现的，现在命名为拉普拉斯共振。这些很可能是动力学演化的结果。因为如果要有这么精确的比的话，它的位置、半长轴其实要有非常精确的比值，才能出现这样整数倍的周期。行星诞生的时候，并不一定知道其他行星诞生在什么地方，所以半径的比其实是没有什么规律的。为什么出现非常好的周期呢？原因很可能是周期成整数倍的

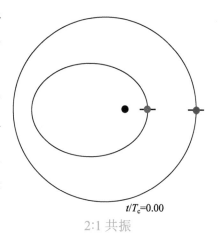

$t/T_c=0.00$

2:1 共振

时候产生共振，这个时候产生所谓吸引点，行星就被这样的共振束缚住了，最后拘留在这样共振的地方，所以很可能共振也是动力学演化的结果。

到现在为止我介绍了很多系外行星的性质。系外行星到底怎么来的？天文学家的基本图像是什么？我们知道恒星起源于气体云。

下图是天上一个非常美丽的旋涡星系，我们的银河系很可能看上去就是这样的。如果把其中一个小区域放大，就形成非常美丽的气体云，中间有很多很亮的恒星，大概有 200 颗新星，年龄都在 300 万年

左右，非常年轻。这些年轻的恒星把周围气体云都照亮，形成非常美丽的图像。我们的银河系也有这样的星云，比如说猎户座星云就是非常漂亮的图像。如果把其中一个区域放大的话就会发现这样的结构：

恒星旁边暗的区域就是所谓的尘埃盘。把其中一个放大的话，就会发现它有一个扁平的原行星盘。为什么是黑的？因为光在里面都被吸收了。它的直径是大约 17 倍冥王星的轨道，跟太阳系的尺度是非常接近的。我们的系外行星很可能就是在这样的盘里面形成的。

到底怎么形成的？天文学家也有基本的图像，但这里面还有很多没有解决的问题。首先一个问题，为什么盘是扁的呢？可能小朋友都知道，是角动量的原因。盘里面有气体也有尘埃，尘埃进一步演化就形成系外行星。第一步是从微米级尘埃开始，在座的各位对微米级尘埃非常熟悉，你们今天到这里都呼吸了非常多的 PM2.5，太阳系的起源可能就是由这些 PM2.5 开始。它们之间互相碰撞，也许是有静电的原因，逐渐变大，形成米级的更大的物体，然后进一步碰撞，形成上亿千米级的星子。这些星子互相碰撞，形成行星的胚胎。这是一个具体的过程，这里面涉及的很多气体、化学过程有很多问题没有解决。如果没有完全看懂基本的图像也没有关系，普林斯顿高等研究院天体物理所所长也说过，几乎所有系外行星理论天体物理学家的预言都是错的，所以说我们对行星形成的起源还是非常不清楚的。有两个问题在座的小朋友都非常理解。一个问题是 PM2.5 到米级就出现一个问题，米级物体跟气体的作用非常有效，就像卫星在空气中燃烧直接掉到地球上一样，米级物体会直接掉到中间的恒星上，没有形成东西时就完全消失了。第二个问题，到千米级的时候，我们希望千米级能够互相碰撞，形成更大的物体。但在座小朋友都知道互相扔雪球的时候，不会看到哪两个雪球完全互相粘在一起，更可能出现的结果是雪球互相碰撞碎裂了，变成更小的块。所以说有时候碰撞不一定形成更大的，而是会碎裂成更多的碎片。因此，千米级这个问题也是系外行星理论学家想解决的。

我简单总结一下到现在为止发现的2000多颗系外行星的性质。第一，系外行星系统确实普遍存在，多行星系统也非常普遍。第二，行星起源涉及了碰撞、吸积、迁移等多个物理过程，还有许多物理问题没有解决，可以说各种互相竞争的物理过程造成了丰富多彩的系外行星系统。这也是我们要研究系外行星的一个根本原因，就是我们想理解其中的物理过程。

如果说上面我讲的东西是非常严格的科学的话，下面我想做一点猜想或者臆想。这里说的很多是科幻，但其实现在天文学发展中非常重要的学科叫天文生物学，就是研究宇宙中的生物有什么根本的特征，到底是怎么起源的。像哈佛大学就有所谓天文生物学的研究所，他们就是想集中生物学家和天文学家，一起研究宇宙当中的生命是怎么起源的。请问在座有多少人相信系外生命存在的？举一下手。看来绝大多数都相信。作为科学家，我们是讲究证据的。首先，我想讲一下什么是生命。我不是一个生物学家，这里的讨论会非常快。另外，我想讨论一下物理学家提出的费米悖论和天文学家提出的宜居带。要找系外生命的话，很可能需要下一代望远镜。如果真的系外生命找到之后怎么跟他们沟通？用什么样的语言？

首先，说说什么是生命。有一个科学家开玩笑说你跺脚踩死的就是生命，这不是严格的定义。简单的定义是会动、会长、会繁殖，这可能都不能很好地定义生命。更好的定义是具有复杂性和自组织、适应环境的能力，更基本的一点是有信息代码。现在所有生命都是碳基的，这也不是不可理解。因为碳、氮、氧是除了氢和氦之外在宇宙中非常常见的元素。但是生物学家可能也需要考虑一下，比如说用硅基能不能形成生命。当然，最重要的问题是生命是怎么产生的。达尔文的书中写道，生命大概产生于"温暖的小池塘"，我想这不是非常严格的答案。回到 Drake 方程，我们估计有智慧的生命是 0.01 个到 1 亿个。如果真有这么多的话，下面就有一个非常严重的问题。史努比提出：如果生命这么多，为什么我们没有看到？其实提出这个问题的不是这只狗，而是非常著名的物理学家费米。1950 年，费米有次在吃中饭的时候突然冒出一句话，他说系外生命在什么地方？有很多的猜想，其中一个猜想是我们在宇宙当中确实是孤独的，至少在银河系当中是孤独的。另外有人说早就来过了，UFO 就是。还有最后一个答案，就是昨天我女儿告诉我的，我觉得是最合理的，她说或许我们太愚蠢，没有人愿意与我们交流。这可能是最好的一个答案。我们在太阳系里已经在搜寻系外生命，我们的"嫦娥"在月球上已经找过了，没有找到玉兔和吴刚。在火星、木星的木卫二和土星的泰坦卫星上都没有找到生命，在太阳系中生命至少到现在还没有找到。

然后天文学家想出一个问题，我们应该在什么样的恒星边上找系外生命？这样就提出了一个宜居带的概念。因为液态水对生命非常重要，水孕育了整个地球，水的存在对恒星表面平衡温度有很高的要求。太热生命就被烧死了，太冷了水就是冰，也不能够生存。有液态水的存在有可能生命在这种地方就会出现。所以宜居带的概念，就是要求水的存在。水是一个催化剂，也是一个溶剂，而且能把生命从一个地方搬到另外一个地方。所以水的存在非常重要。

我们现在发现越来越多的系外行星非常接近可居住区域。下图是行星半径和平衡温度图，这是我们发现系外行星在图上的位置，地球的位置是 1 个地球半径，温度 300 开尔文左右。可以看到大多数系外行星跟这个有些差距，但也可以发现有几个系外行星，这是 2011 年底时的图，已经有一些非常接近。

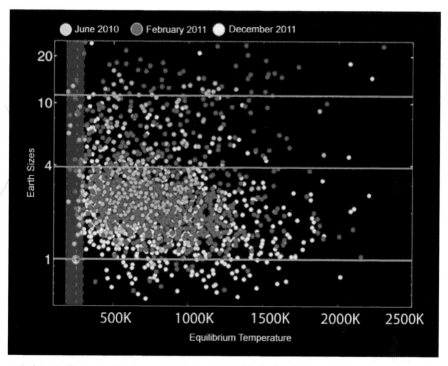

我们经常在电视上、报纸上看到越来越多的系外行星跟可居住区越来越接近，而且它们的质量、半径都跟地球非常接近，叫做第二个地球。如果说我们能够找到这样的可居住区里面的系外行星，怎么去找生命呢？天文学家提出一个非常重要的概念，叫生命标记物，尤其是氧分子。我们削开苹果，过一会儿就变色，就是氧化的原因。火星表面的红色也是铁被氧化的表现。氧气如果不是持续地产生的话，跟旁边的东西产生化学反应，大概几百年就消失了。如果有生命存在就需要持续产生氧气，如果有氧分子存在，说明很可能需要生命持续地产生氧气，这样在大气里才会有氧气存在。我们知道有光合作用，植物可以吸收二氧化碳产生氧分子，这是生命留下的痕迹。我们看太阳系，金星、地球、火星的光谱里面，全都有二氧化碳存在，但只有地球上有臭氧分子和水的存在。氧分子可能在生命起源里非常重要。怎么找系外行星呢？James Webb 空间望远镜、我们在贵州造的 500 米射电望远镜都可以做到，还有下一代的 30 米级的望远镜都是非常重要的工具。

可以想象在夏威夷建造望远镜，这个望远镜整个造价大概是 14 亿美元，工期是 2014 年到 2024 年。这个望远镜由环太平洋国家出资建造，包括中国、日本、印度、加拿大、美国，中国出资 10%，大概是 10 亿元。这是什么概念呢？大概是几十千米高速公路的造价。有什么特色呢？一个是大口径，集光面积是现有最大望远镜的 9 倍，还有自适应光学的概念，分辨率是哈勃望远镜的 10 倍，可以更精细地观测更暗、更远的天体。另外，它是红外优化，红外仪器国外对中国是禁运的，所以中国科学家很少能用到红外的仪器。红外仪器对于观测太阳系外行星、寻找生命特征非常重要。自适应光学也是它非常重要的功能。刚才已经提到天上的星象抖动非常快，1 秒钟变化在 500 到 1000 次。如果把晃动去掉就会产生一个非常小的星象。天体物理学家怎么做呢？用一个钠信标。自然界为我们提供了一个非常好的大气层，离地面大概 90 千米的高度，有很多钠原子层。如果我们产生一个黄光，大概 0.6 微米，打上天空把钠原子激发，就会产生非常亮的人造星。我们很容易探测到这个人造星光子的数目和变化，把中间大气的抖动测量出来。当然实际做的时候是比较复杂的系统，但原理跟平时消噪声的耳机很接近，把背景噪声的相位测出来，然后把相位给反过来就把噪声去掉了，我们现在做的东西跟那个是很接近的。我们在夏威夷用两台 KECK 望远镜发射激光到银河系中心，想研究银河系中心超大质量的黑洞。最新的望远镜可以造出 5 个人造星，通过 5 个人造星可以把更大面积的大气抖动去掉，这个改动要实时更正，1 秒钟要做 500 次，好在计算机速度越来越快，这个改正不成问题。

这个改正要用到 6 束到 9 束激光。我们的理化所（中国科学院理化技术研究所）在国际上率先研制出高功率微秒脉冲钠信标激光器，在国内外都进行了测试，被 TMT 称为"极大的成功"。

下图是我们的国际分工，中国国旗出现了很多次，包括 100 面左右的小镜子的磨制、科学仪器、冷却系统、第三镜的磨制，还有它的光电系统的控制系统，都是由中国提供。中国在整个望远镜里的贡献是非常多的。我们的团队也非常多，包括 11 个科研院所、7 所大学，中国科学院国家天文台、理化所，以及清华、北大这样一流大学的团队都参与了 TMT 科学的探索和技术的研发。

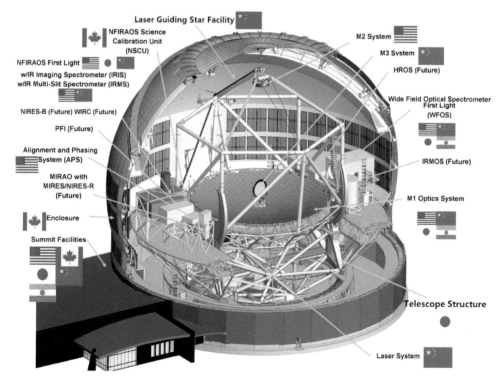

为什么要做 30 米望远镜呢？其中一点就是我刚才提到的，我们想研究大气的成分。其实现在的科学家已经开始做这个东西了。刚才我提到这个系外行星系统，我们用最大的 KECK 望远镜做了它的光谱，是流量和波长的变化，红色的是观测到的光谱，黑色的是我们的模型。模型里包括了一氧化碳和水。我们观测到的光谱里面很明显有一氧化碳，因为一氧化碳在这里（波长 2.3 微米处）有很快的变化，可以看到观测到的光谱里确实有这个变化，所以说这里面有一氧化碳的成分和水的成分。我们已经在用现在最大的望远镜逐渐揭开系外行星大气的神秘面纱。

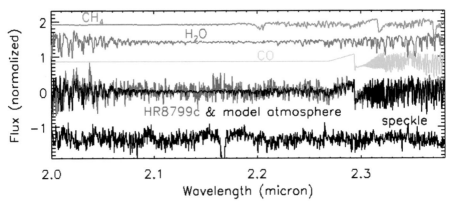

我们现在有一个问题，就是对比度不够，能做到 10 万的对比度，但是要探测比较小的系外行星的话，对比度要到 1 亿甚至更高。我们能探测到的系外行星目前是木星或者能超过木星质量的系外行星，但我们探测地球这样低质量的系外行星还是非常困难，需要下一代的 30 米光学红外望远镜和其他望远镜，才能更容易探测氧分子这样生命迹象存在的元素。

最后一个问题：如果真的探测到系外生命，怎么跟他们沟通？一个方法是用激光，像莫尔斯代码一样，我们可以搜寻一纳秒甚至更快的多光子的光脉冲。为什么强调多光子呢？因为自然星在这么短的时间内很难出现多光子，所以在纳秒甚至更短的时间里出现多光子，很可能是系外生命制造的脉冲信号。为什么使用脉冲呢？像莫尔斯代码一样，我们可以调制信息，定向的激光也可以节省能源。所以说用激光的方法是一种通信方法。这里面就有一个问题。我们看到很多星系有很黑的带，这是尘埃造成的。可见光被尘埃吸收，我们不能看得太远。另外一种可能就是利用射电，比如说澳大利亚 Parkes 的 64 米射电望远镜和美国弗吉尼亚的 GBT 100 米射电望远镜，都可以用来搜索所谓的氢原子的 21 厘米线，氢原子是宇宙中最常见的物质。

我们人类其实已经对外说了很多的话。1930 年左右电视就发明了，80 光年内的 6000 多个恒星已经收到了我们的电视信号。它们收到的信号是什么呢？我想图像不算很好。但至少我们物理学家已经考虑跟外星人怎么沟通了。1970 年发射的"旅行者"里面就告诉外星人怎么用唱片。上面有什么图像呢？有圆周、地质碰撞、星系，包括当时最大的 305 米的射电望远镜，还有人类家庭的照片和一张中国长城的照片。

我们跟外星人交流用什么样的语言呢？首先大概不能用中文，因为地球人都有很多不懂中文；也不能跟他们说哪一年，因为这是地球的单位；米的概念也不能用。用的语言可能是几何、物理、数学的语言，跟外星人沟通的时候数学、物理非常重要。Frank Drake 其实已经考虑过怎么跟外星人沟通。比如，首先要有数学，1 就是 1，2 就是 2，但怎么定义 0 呢？总不能说没有东西就是 0。所以他又重新定义了一个二进制，就这样把整个数学系统定义出来，用数学规则定义除法、分数、乘法等。怎么向外星人定义我们平常用的米、克、千克？他提出的概念就是用氢原子。氢在宇宙当中是最常见的原子，氢原子有一个质子和电子，两个粒子都有自旋，如果这两个自旋是相反的，能量比两个自旋是相同时要低一些。这很好理解，如果有两个磁铁，两个磁铁方向不一样的时候，能量比较低，扳成一个方向要做额外的功，这个能量比较高。在这两个态之间，电子是可以跃迁的，一跃迁就产生一个光子，这个光子的波长大约是 21 厘米，所以用光的波长定义出厘米的概念，然后衍生出 1 米、1 千米的概念。怎么定义 1 秒呢？跃迁的时候产生一个光子，光子的特征频率是 4 亿 2000 万赫兹，从中可以定义出秒、天、年。氢原子当然也是有质量的，可以定义出质量的单位，从这儿衍生出克和千克的概念。我们跟外星人沟通需要用宇宙中常见的原子来定义出单位以及数学和物理的法则。

我们现在担心的是对牛弹琴，我们还担心即使语言一样我们依然不能沟通。

下图是我们 2014 年 10 月 7 日到夏威夷的顶峰为 TMT 开工的照片，左起第四位是 Gordon Moore，他是英特尔的创始人，为 TMT 捐了 1 亿 5000 万美元。有人问他为什么捐钱？他说天文学是每一个科学家的第二科学。他今年（2015 年）已经 86 岁，我穿着夏威夷的服装站在边上。这些人都在 TMT 扮演非常重要的角色。我们非常高兴地坐这个车跑到夏威夷顶峰，结果发现很多原住民抗议，把我们的路挡

住了。我们说的都是英文，语言完全一样但在某种意义上却无法沟通，产生误解，但是我对沟通还是保持乐观。在夏威夷文化里，天文学是非常重要的。他们最后一个女皇说过一句话，她说古代夏威夷人都是天文学家，天文学在他们的文化里是非常重要的。我还是相信科学、文化、宗教最终能够共存。

我说的已经足够长了，我想我们天文学家研究浩瀚宇宙的同时，确实感到人类非常伟大。我们能够了解很多宇宙当中的东西，对于人类未来的命运有时候也是非常担心。相信在系外生命问题上，近二三十年会有一个比较好的答案。谢谢！

毛淑德
理解未来第 12 期
2015 年 12 月 26 日

张双南 中国科学院高能物理研究所研究员
中国科学院粒子天体物理重点实验室主任

　　1984 年获清华大学学士，1989 年获英国南安普顿大学博士，1989—1992 年美国宾西法尼大学博士后。1992—1998 年 NASA-MSFC/URSA 高级科学家，1998—2002 年美国阿拉巴马大学（亨茨维尔校区）Tenure Track 助理教授，2002—2014 年 4 月停薪留职任研究副教授和教授。2002—2009 年任清华大学特聘教授。2004 年至今任中国科学院粒子天体物理重点实验室主任。2009 年至今任中国科学院高能物理研究所粒子天体物理中心主任。2011 年以 "溯及既往" 方式入选国家 "千人计划"。目前兼任中国科学院国家天文台空间科学研究部首席科学家、新疆天文台研究员、国防科技大学教授。

《星际穿越》的科学问题

我今天跟大家交流的内容与电影《星际穿越》有关，会跟大家讨论其中的科学问题。今天主要跟大家讲两件事，一件事是为什么有这个电影？换句话说，这个电影探讨的到底是一件什么事情？第二，这个电影是怎么做的？怎么最终实现这个电影所要完成的任务？

这张照片是电影里的一个片段，是我非常喜欢的一张照片。但是在这上面的背景并不太好，表现的是地球已经被人类糟蹋得不太成样子的情形。电影的两个主人翁，父亲和女儿相拥在一起仰望着天空。我猜测他们一定在想，宇宙是这么美丽，是这么浩大无边，地球现在已经不太适合于人类居住了，难道我们就要永远被困在地球上吗？当然这是一个未来的问题，但这可能是比我们今天所讨论所有的未来问题都更大的问题，是人类永远的未来的问题，当然也是地球永远的未来的问题。

《星际穿越》是一个科幻片，也被认为是一个硬科幻片，意思就是说它里面所展示的科学没有很多很任意的成分，所以叫硬科幻片，这里面的科学都经得起科学家的讨论，经得起大家的推敲。这个电影被称作硬科幻片的巅峰之作，当然是科学和艺术的完美融合。在电影构思过程中，导演和科学家之间形成了约定，即电影的任何内容都不能违反确立的物理规律和对宇宙的知识，这就确保了电影的科学严谨，这个电影也因此被称作硬科幻片，因为它不违反已知的科学规律。当然，我们的科学规律以及对宇宙的认识是不完全的，在这种情况下，可以做一些推测，这就是幻想那一部分的成分，但是你的推测必须来自真正的科学，所谓真正的科学，这个电影的科学顾问有一个定义，他认为应该是部分科学家觉得这些科学是可能发生的，不是随便说的，因为科学家也有不同的认识，也有不同的派别，所以他说的科学家，后来我也理解了，指的是在科学上持有跟他同样观点的科学家，比如我就不持有这样的观点，所以我就不被他们认为是这部分科学家。他写了一本书叫做《星际穿越的科学》，我特意把书拿来看了，因为他在引言里说他有这个约定，要被部分科学家肯定，很遗憾，我看到里面没有我的名字。不管怎么说，他允许艺术家做一些创作，这给艺术创作留下了空间。

在这种情况下，这个电影最终聚焦到人类的命运，人类的未来到底是什么？人类有没有未来？这是它的主题。

为什么要做这个电影？因为地球的环境正在日益恶化，如果我们不好好对待地球，这很可能是地球要面临的未来。环境的恶化会导致我们缺少食物，今天温饱不成问题，将来可能会缺少食物，而且如果今天不采取措施，很可能这种状况是不可逆转的，电影里面说我们最后救不了地球，是给了人类一个很大的警告。实际上还有自然的力量，使得即使我们对地球很好，将来地球仍然不能够提供人类生存的必需物资，这将是太阳本身演化带来的结果。太阳是一个恒星，依靠恒星内部核燃料的燃烧提供能量，这个能量正是地球上万物生长的根源，我们讲万物生长靠太阳，一点儿不错。

但是太阳作为恒星不是恒定不变的，它内部能源消耗终究有一个尽头，在太阳的能量耗尽之前，我们把绿色的带称作宜居带，地球在 46 亿年前，大概在宜居带比较合适的位置处，也许那时候在地球上开始真的有生命的迹象，一直演化到今天。随着太阳的演化，宜居带的位置一直往远处走，我们今天在宜居带比较边缘的地方，如果再给它 17 亿年或者更多一些时间，地球将移出宜居带的位置，就是说我们地球在宜居带之外了，即使我们那时候还在地球上生活，地球环境也保护得很好，但地球上也不再适宜生命存在，因此人类总是要离开地球，这是无法避免的事情。我们需要在宇宙中找到另外一个地方，那个地方有能量来源，一个可能的地方就是黑洞，电影里的选择是到黑洞的附近去，人类整个移民到那个地方，那个地方有能量的来源，为什么？有很多可能性，黑洞本身会产生一些辐射，另外的可能是当其他的物体往黑洞里落的时候，在这个过程里引力势能转化为动能，动能会使这些气体温度变得很高，释放出能量，类似于太阳内部能量的产生，但这个能量产生的效率远远比太阳内部产生的效率高，因此在黑洞附近，从能量的角度来讲，可能提供的能量要比太阳和其他的恒星提供的多，因为电影的科学顾问是研究黑洞物理的专家，他建议人类将来可以移居到那里。但到底哪个地方更好，这件事并不是那么重要，重要的是我们最终需要离开地球，移居到宇宙中的另外一个地方。

要做到这一点，现在面临的问题就是引力约束，我们之所以可以舒服地住在地球上，之所以离开地球很困难，都是因为受引力的约束，人类在有限的未来，大概研发不出能够把整个人类移居出地球的

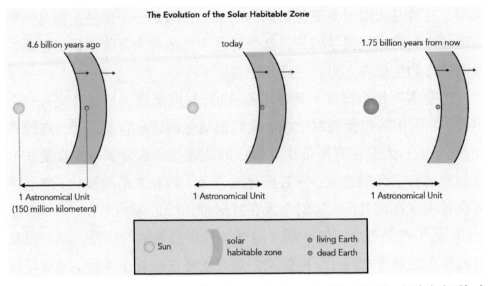

The Evolution of the Solar Habitable Zone

技术,所以电影里的老科学家说了,我们现在需要的是对引力规律有更深刻的理解,理解之后就有可能操控它。如果我们理解了引力规律,可以操控引力,使得我们想离开地球的时候让引力减少,就可以实现我们离开地球移居他处的愿望。但我们怎样理解引力? 现在我们对于引力规律里最不理解的地方就是,当物质进到黑洞之后,到黑洞中心这一过程的行为到底是怎样的? 现在的引力规律告诉我们,在这段过程中物质会被压缩在非常小的空间内,引力非常大,密度非常大,在这里就需要量子力学发挥作用了。但是现在量子力学和引力规律之间,从物理学的角度来讲是完全不匹配的,这两个理论有很大的矛盾,所以科学家试图找到终极的理论,要把量子力学和引力规律统一起来。如果统一起来,也许有电影上讲的可能性来操控引力,但是能不能做到,我们今天不知道,至少这是一个可能的方向,所以电影上所要做的事情,就是寻找一个最终统一引力规律和量子规律的理论,当然理解这个理论最好的地方就是黑洞中心的行为,黑洞中心引力最强,量子力量最强,有可能在这个地方做到这种统一。

　　几年前我在非常长的一篇科普文章中讨论了科学的几个本质，我把科学分成三大要素。第一个，科学的目的，科学本身的目的是发现规律，至于怎么使用它，那是使用的人的选择，科学家本身关心的是科学规律；第二个，科学的精神是质疑、独立、唯一；第三个，科学的方法论：逻辑化、定量化和实证化，科学要通过科学的实证完成，也是电影里所说的事情。

　　但是，我的这种定义并不是科学界都会赞同的，科学界也是充满争议的地方。2014 年 12 月份在科学界就发生过争论，有一批科学家认为现代科学不需要实证，举一个例子，在座很多人肯定知道宇宙学，关于整个宇宙演化的学科，有些理论认为有很多种不同的宇宙，我们宇宙是其中一个，所谓多重宇宙说，它背后是现在非常时髦的物理学理论"超弦理论"，这个理论框架里有无数个宇宙的可能性，物理规律也有无数种实现的可能性，而我们的宇宙和物理规律只是其中一个，在这种情况下，"超弦理论"是没有办法通过实验去验证的。当然《星际穿越》的电影顾问 Kip Thorne 支持这个观点，根据这个科学顾问的理念，要想理解引力规律，要想找到终极的统一规律，需要派男一号到黑洞里获取量子数据，这个量子数据只有在黑洞里才能找到。但是如果要做这件事，首先我们需要回答三个问题：黑洞是否存在？需要去什么样的黑洞？能否找到合适的黑洞？

第一，黑洞是否存在？银河系内存在恒星级质量的黑洞，质量 10 倍于太阳，这种黑洞在银河系内是有的，我们找到了几十个，至少证明宇宙中是存在黑洞的，所以黑洞是否存在？没问题，有黑洞。

第二，我们需要去什么样的黑洞？天文学家对银河系中心恒星运动的轨道一直在测量，持续了 20 年的时间，最终把这些恒星运动的轨道都画了出来，利用开普勒定律可以算出所有恒星运动椭圆轨道的交点都是同一个地方，在这个地方有一个 400 万倍太阳质量的黑洞，这个黑洞在银河系里找到了，现在天文学家的研究表明，几乎每一个星系的中心都有一个超大质量的黑洞，它的质量是 100 万倍太阳质量到 100 亿倍太阳质量。而在《星际穿越》电影中的黑洞，根据科学顾问的预算，应该是高速自转且具有超大质量的黑洞，这是它的照片。

这张照片看起来非常有意思，第一，黑洞大家觉得不应该是黑的吗？怎么看起来非常亮？我给大家解释一下，亮的原因是在黑洞附近空间被高度弯曲，弯曲之后光线往黑洞去的时候就不是直接到黑洞里，而是会绕着黑洞转一圈，这个过程中形成亚稳态光子晕，亚稳态光子晕很容易逃出，也很容易逃进去，所以形成了一个光晕，这不违反物理学规律。第二，我们可以看到黑洞的背后，也能够看到背后出来的光，为什么能看到？因为空间高度弯曲，所以背后的光线绕过来了，就是所谓的引力弯曲现象，只是它弯曲到了极端。假如我们每一位脑袋里都有一个黑洞，我们是都能够看见自己的后脑勺的。第三，这张图上看起来像帽檐的东西，是由于黑洞高速转动，带着弯曲的时空一起转动，所以在它转动的赤道面上，光子会绕着黑洞转，这个地方光子显得特别多，所以就形成了一个帽檐。这张照片上几乎所有的细节都是根据黑洞理论精算出来的，没有问题。

为什么电影中需要这么一个高速自转的超大黑洞？不仅仅是为了艺术效果，而是真正出于科学的目的。原因在于导演交给了科学顾问一个任务，说必须在这个黑洞附近制造出这样的效果——在黑洞附近行星上 1 小时等于地球上 7 年的时间，没有这种效果电影就会无趣。这个要求让科学顾问很为难，一般情况下要产生这么极端的效应，潮汐力问题会非常大，人即使到了行星上也会立刻被撕碎，他后来发现，如果让黑洞高速地转动起来，这样时间效应和人类生存这两件事可以同时实现了，最终这个黑洞必须具有 1 亿倍的太阳质量，以及高速的自转。

而电影中 1 小时=7 年的效果不是科学幻想，是完全可以做到的。我们大家都有手机，可以用 GPS 导航，GPS 导航要利用 30 多颗卫星，每个卫星都协作一个原子钟，要保持跟地面时钟精确的同步，这样我们手机收到它所发出的信号之后就可以推算我们的位置。但是根据广义相对论效应，太空上时钟走的速度跟地球上的时钟是不一样的，太空上走得要快一些，地球上走得稍微慢一些，这是由于地球引力。如果不修正这两个时钟的误差，一天下来导航的累计误差会是 10 千米，这是完全不能用的。同样的道理，如果在黑洞附近这种效应会变得更极端，这是一个完全精确的科学计算。

刚才已经说明了，我们需要这样的黑洞，有没有办法在宇宙中找到？事实上，黑洞质量的测量不是很困难，测量黑洞附近物质的运动，利用牛顿力学，顶多用一些广义相对论上的计算可以得到，但是如果需要黑洞高速自转，对于黑洞转动的测量就很难了，它离地球这么远，怎么知道它在转动？黑洞可以转动这件事，大概在 1960 年科学家就知道了，从理论上就算出来，但是不太知道怎么测量。我和我的两个同事在 1997 年提出了一种办法，物质接近黑洞会产生辐射，我们建了一个模型把辐射测量出来，这是一个非常简单的模型，在座的很多人都可以根据这个公式计算，原则上可以测出黑洞转动的速度，这是目前测量黑洞自转的两个方法之一。差不多同一年英国剑桥大学的学者提出了另外一种测量的办法，目前两种方法都在用，我们发现很多黑洞在高速自转。换句话说，科学顾问要求的高速自转的超大质量的黑洞，宇宙中确实是有的。所以我刚才提出的三个问题：有没有黑洞？需要什么样的黑洞？黑洞能不能找到？现在科学已经告诉我们这三个问题都可以得到正面的回答。

在这种情况下，电影的男主角库波准备好了进入黑洞获取量子数据，这时候该担心的不是天文学家也不是物理学家，而是他的女儿，因为最终是她的父亲要把量子数据带回来，她的任务就是等待她父亲送给她的信号。她一定会非常担心父亲能不能到达遥远的黑洞，如果能够找到和到达那个黑洞，他能不能安全进入这个黑洞取得数据，然后再出来把数据传递给她。我们看看从科学研究的角度，女儿担心的这些事情是不是合理？

首先要解释第一个问题，库波能不能到达遥远的黑洞？宇宙中有这样的黑洞，但是离地球非常远，电影中说了最近的距离是 10 亿光年，库波坐着不太快的飞船怎么能到那儿去？电影中的解决方案就是利用虫洞，那什么是虫洞？虫洞怎么使得女儿墨菲所担心的第一个问题自然解决？

我们先看一个（2+1）维时空。如果在这个拓扑面上有一只蚂蚁，它想吃对面的东西，没有别的办法，只能绕过来，我们人生活在（3+1）维时空里，比蚂蚁聪明，我们看到这儿有一个吃的，拿一个钉子捅一个洞钻过来就行了，不用那么麻烦，这个洞就是虫洞。同样，我们如果有一个（3+1）维的虫洞，在（2+1）维的空间上可以过去。类似的，如果我们构造一个（4+1）维的虫洞，就可以在我们真正生活的时空里实现穿越。虫洞就是一个时空的隧道，可以把低维空间很远的点在高维空间建立捷径，实现时间旅行。这部分是科学，下一部分是幻想，因为我们今天的理论发现穿越虫洞是非常危险的，虫洞本身是不稳定的，当你试图穿越它的时候它就会把你灭掉。今天我们仍然没有找到办法让虫洞可以稳定地存在，甚至没有证据表明虫洞的存在，黑洞存在的理由已经找到了很多，但是虫洞存在的理由没有找到，当然也没有发现虫洞形成的机制，所以这一部分纯粹是科学幻想。这是电影艺术创作的一部分，是可以的，没有问题，所以通过虫洞原则上可以做这件事。

其实在 1939 年就有科学家讨论过我们现在讨论的问题：库波到黑洞旅行，坐在飞船里到了黑洞的附近，开始往黑洞里落，最终落到黑洞的正中心，这是库波本人将会经历的过程，也是另一个库波经历的过程。在这里可以得到两个结论：第一，飞船一旦瞄准了这个黑洞会向着这个黑洞飞过去，没有别的选择；第二，对于坐在飞船里的库波，他会看到、感觉到飞船穿过黑洞，到了黑洞中心的奇点，这是库波本人感觉到的，他的任务已经完成了一半，可以提取数据了，但是对于外面观察的人来说，所看到的情况就是飞船无限地逼近视界，但是永远无法进去，这是在黑洞研究历史上非常重要的事情。

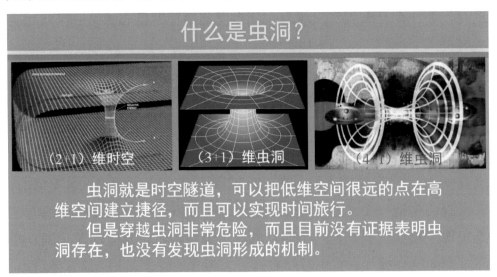

什么是虫洞？

（2+1）维时空　　　（3+1）维虫洞　　　　　　（4+1）维虫洞

虫洞就是时空隧道，可以把低维空间很远的点在高维空间建立捷径，而且可以实现时间旅行。

但是穿越虫洞非常危险，而且目前没有证据表明虫洞存在，也没有发现虫洞形成的机制。

　　我们看部分科学家怎么看这个事情的，物理学家霍金曾经在他的书里描写了这个情况，根据霍金的理解，库波是进不去黑洞的，他看到的情况是宇航员无限地逼近宇航视界，永远进不去。我想很多人看过关于黑洞科普的书，上面都讲过这样的情形，宇航员最后跟你挥挥手，你看到的是他挥手的一瞬间，但是你看不到他进入黑洞，这是部分科学家的结论。所以在《星际穿越》里也没有办法解释清楚，库波反正是进了黑洞，我们暂且先认可这件事。但我们都知道黑洞只能进不能出，但是他怎么出来？换句话说，根据部分科学家理解的黑洞里的情况，库波如果到了黑洞里，他向前看就会看到奇点，就是密度无限高的东西对着他以光速飞过来，背后还有很多物质以光速向他飞来，他被两个以光速运动的物体撞在一起肯定是难逃一死，之后，库波晕倒侥幸逃出，"掉入"4维空间（5维时空）和他的女儿墨菲联系上了。

　　这个剧情的展开就需要用到虫洞的概念，还是给一个 2 维的面，如下图所示，一个地方我们放一个黑洞，一个地方仍然放一个虫洞。放黑洞使得 2 维空间下面的表比上面的表要慢，在黑洞附近 1 小时等于地球上 7 年，这个地方假设上面的表比外面慢 1 小时，这个从物理上完全可以实现。虫洞有一个特点，它是高维时空里的很短距离，因此你经过虫洞上下花的时间非常少，而虫洞本身上下是没有引力的，因此虫洞上下两个口的表走的速度是一样的。如果存在这种情况：把一个虫洞放在黑洞的口上，我们让库波从这个地方先沿着这个面走过来，假设这在 2:00 开始，沿着 2 维表面花 5 分钟，上面的时间是 2:05，下面的时间慢了 1 小时，是 1:05。库波走到这儿突然发现了一个虫洞，而他穿过虫洞花的时间是很短的，我们假设花了 1 分钟，这时候他自己的表上的时间是 1:06，他 2:00 出发的，1:06 回来的，所以库波比出发时年轻了 54 分钟。当然我们刚才讲到，现在科学家没有找到虫洞，也不知道怎么把虫洞放到黑洞旁边，但是这不违反科学原理。总而言之，这是一个时间旅行的方案，这样我们就可以让库波在 5 维时空里向女儿传递信息。

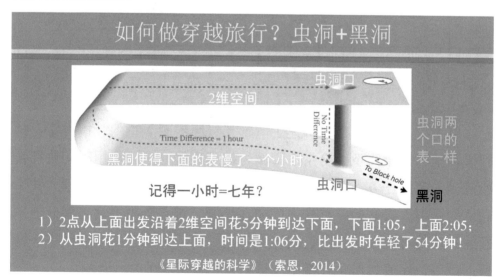

1）2 点从上面出发沿着 2 维空间花 5 分钟到达下面，下面 1:05，上面 2:05；
2）从虫洞花 1 分钟到达上面，时间是 1:06 分，比出发时年轻了 54 分钟！

《星际穿越的科学》（索恩，2014）

为什么我们需要 5 维时空？由于我们的时空是（3+1）维的，要想做时空穿越的旅行必须在一个高维度时空里做，所以我们需要 5 维时空。5 维时空的一个"面"相当于一个 4 维时空，4 维时空就是一个超立方体，每一个方向看起来就是一个立方体，所以超立方体等于无数个立方体，你向每一个方向看到的都是立方体的投影，所以 5 维时空的面相当于 4 维时空，就像我们在 3 维时空看到的面相当于 2 维时空，降低一个维度就可以理解这件事了。在这种情况下，电影里库波往任意一个方向看过去都是墨菲的房间在某一个时间点的 3 维情况，所以他看到了墨菲房间不同时期的情况，在这种情况下，库波实现了通过引力向不同年龄的墨菲传递他从黑洞里拿到的数据的任务。

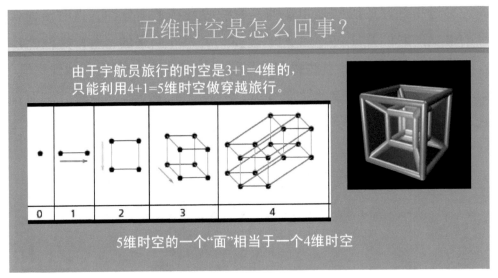

五维时空是怎么回事？

由于宇航员旅行的时空是3+1=4维的，只能利用4+1=5维时空做穿越旅行。

| 0 | 1 | 2 | 3 | 4 |

5维时空的一个"面"相当于一个4维时空

以上，我已经完整地讲述了电影《星际穿越》里的救援方案：掉到黑洞里，飞船撕裂，男主角晕倒，掉到高维时空，再用时间旅行传递信号，完成任务。现在，我们可以探讨这种方案是不是合理，我个人认为是不太靠谱的：首先，库波在黑洞"奇点"附近活着离开被撕裂的飞船的可能性非常小；其次，库波如何"掉入" 4 维空间很不清楚；最后，库波如何从 4 维空间"回到" 3 维空间也不清楚。

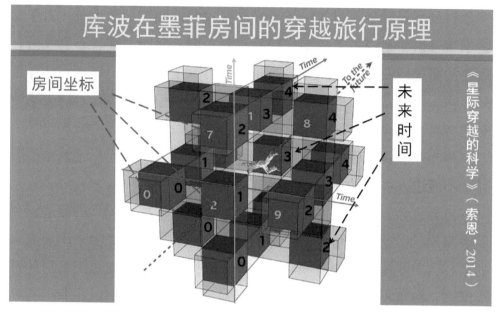

库波在墨菲房间的穿越旅行原理

房间坐标

未来时间

《星际穿越的科学》（索恩，2014）

那么还有没有别的方案？

下图是我们的"黑洞旅行"理论。我们在 2009 年，也就是在 1939 年的 70 年后写了篇文章，考虑的是同一个问题，但结论跟他不一样。我们不但提出了一个理论，而且这个理论以及理论的预言，原则上可

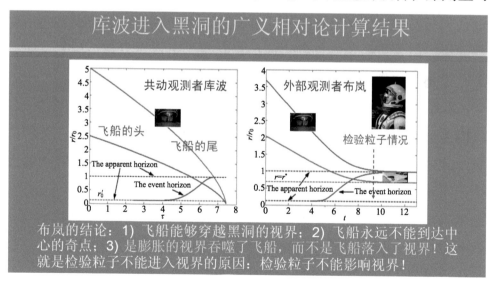

库波进入黑洞的广义相对论计算结果

布岚的结论：1) 飞船能够穿越黑洞的视界；2) 飞船永远不能到达中心的奇点；3) 是膨胀的视界吞噬了飞船，而不是飞船落入了视界！这就是检验粒子不能进入视界的原因；检验粒子不能影响视界！

以通过实验进行检验，包括在地球实验室可以进行检验，这回到我最

开始讲的，科学最重要的一条是实验可检验。我们的结论是：对于库波本身来讲，他掉进了黑洞，粉身碎骨；但是对于观察者布岚来讲，重要的不是库波怎么样，重要的是库波看到了什么，所以我们计算结果表明，布岚发现飞船能够穿越黑洞的视界，但飞船永远不能到达中心的奇点，当库波飞船比较接近黑洞视界的时候，视界稍微膨胀了一点，是膨胀的视界吞噬了飞船，而不是飞船落入了视界！这就是检验粒子不能进入视界的原因：检验粒子不能影响视界！

总而言之，我们的结论是他是可以进去的，根据我们的理解，到"黑洞旅行"这件事可以安全做到。根据我们的计算，由于库波进入的是超大质量黑洞，他会顺利（活着）进入然后停留在黑洞里面的某个地方，但是不会最终到达中心的奇点而粉身碎骨。不过，我们将永远和库波失去联系！

有没有办法救出库波？我刚才讲虽然电影里救援的方案比较不靠谱，但是至少还是比较激动人心的方法。按照我们的理论如何救助库波？很困难。在这儿我们需要另外一个道具：白洞。白洞是具有质量、电荷和转动，但是物质和能量只出不进的时空"奇点"。这也不违反物理规律，但是目前没有证据表明白洞存在，也没有发现白洞形成的机制，但是没有找到并不表明没有。

我们可以设计一种方案，让他从黑洞进去从白洞出来，经过一个虫洞绕过去，但说可以这么说，也不能违反科学。如果用目前理解的科学理论，按照传统的观点，库波会落到奇点，粉身碎骨。我们的理论是库波进入黑洞以后可以很幸福地生活在里面，但是他到不了奇点，也出不来，这个问题困扰着我很多年，电影上映之前就一直困扰着我，到底怎么办？我们终于让他很幸福地进去了，但是不能够出来。三四年前我提出了一个科学猜想，没有做非常详细的计算。

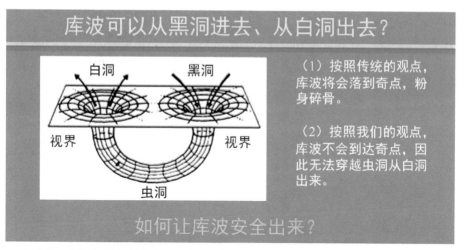

库波可以从黑洞进去、从白洞出去？

（1）按照传统的观点，库波将会落到奇点，粉身碎骨。

（2）按照我们的观点，库波不会到达奇点，因此无法穿越虫洞从白洞出来。

如何让库波安全出来？

　　如图，目前黑洞处在这个区域，这里辐射的效率比太阳的辐射效率高很多，最高可以达到 40%，换句话说，物质质量的 40% 可以转化成能量，所以黑洞辐射效率可以非常高。我们如果把黑洞的视界剥开，这时候有可能它的辐射效率超过能量守恒极限，换句话说，它会产生一个效果：出来比进去的多。这是我们的猜想，也不违反物理的规律，只要把视界去掉就行了。这种情况下，如果把黑洞的视界剥开，这时候库波可以很幸福地出来了，原则上有这个可能性。但是问题在于，这件事到底能不能够做到？当然还有一个问题，宇宙中存不存在我们讲的剥掉视界的黑洞？所以这可以称之为白洞，可进可出，只不过出的比进的多。我们这个猜测要有一个前提，即辐射效应要超过100%。当然应该说还没有找到这种黑洞，我们还在找，如果能找到这种东西，将来可以让库波到那里去旅行，去获得量子数据，目前还只是那么一个猜想。

　　我们的方案是否更好？计算确实表明,库波在里面是没有危险的,但是也没有可靠的办法把视界剥开，救出库波和女儿团聚。如果把视界剥开，这个视界或许会不稳定。换句话说，开一个口，当库波试图从这个口出来的时候，可能这个口的下面又关上了。更严重的问题在于，我们假设的黑洞里没有量子数据，让库波进到这个黑洞，很难和

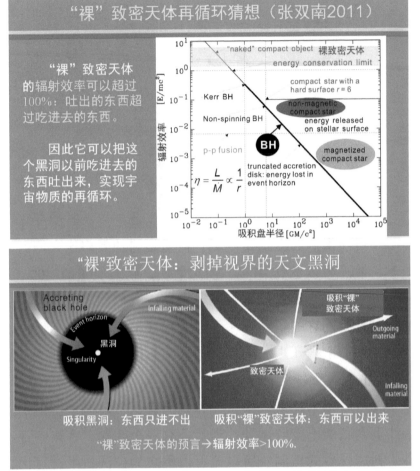

拯救人类的高大上目标联系起来，对理解统一的量子力学和引力也没有帮助，所以要想做成一个惊心动魄的关于黑洞的电影确实是比较困难的，但无论如何，我还是认为《星际穿越》是科学、艺术和人性的完美结合！大家观看这部电影还是非常值得的。谢谢大家！

张双南

理解未来第 5 期

2015 年 3 月 14 日

2015 年 1 月 20 日，未来论坛创立。

此时的中国，已实现数十年经济高速发展，资本与产业的力量充分彰显，作为人类社会发展最重要驱动力的科学则退居一隅，为多数人所淡忘。

每个时代都有一些人，目光长远，为未来寻找答案。中国亟须"推崇科学精神，倡导科学方法，变革科学教育，推动产学研融合"，几十位科学家、教育家、企业家为这个共识走在一处。"先行其言而后从之"，在筹建未来论坛科学公益平台的过程中，这些做过大事的人先从一件小事做起，打开了科学认知的入口，这就是"理解未来"科普公益讲座。

最初的"理解未来"讲座，规模不过百余人，场地很多时候靠的是"免费支持"，主讲人更是"公益奉献"。即便如此，一位位享誉世界的科学家仍是欣然登上讲台，向热爱科学的人们无私分享着他们珍贵的科学洞见与发现。

我们感激"理解未来"讲台上每一位"布道者"的奉献，每月举办一期，至今已有四十二期，主题覆盖物理、数学、生命科学、人工智能等多个学科领域，场场带给听众们精彩纷呈的高水准科普讲座。三年来，线上线下累积了数千万粉丝，从懵懂的孩童到青少年学生，从科学工作者到科技爱好者，现在每期"理解未来"讲座，现场听众400 多人，线上参与者均在 40 万以上。2017 年 10 月举行的 2017

未来科学大奖颁奖典礼暨未来论坛年会，迎来了逾 2500 名观众，其中近半是"理解未来"的忠实粉丝，每每看到如此多的中国人对科学饱含热情，就看到了中国的未来和希望。如果说未来论坛的创立初心是千里的遥程，"理解未来"讲座便是坚实的跬步。

今天，未来论坛将"理解未来"三年共三十六期的讲座内容结集出版，即如积小流而成的"智识"江海。无论捧起这套丛书的读者是否听过"理解未来"讲座，我们都愿您获得新的启迪与认识，感受到科学的理性之光。

最后，我要感谢政府、各界媒体以及一路支持未来论坛科学公益事业的企业、机构和社会各界人士，感谢未来科学大奖科学委员会委员、未来科学大奖捐赠人，未来论坛理事、机构理事、青年理事、青创联盟成员，以及所有参与到未来论坛活动中的科学家、企业家和我们的忠实粉丝们。

未来论坛发起人兼秘书长

武　红

2018 年 7 月